U0241106

乡村振兴探索丛书
丛书主编　温铁军
　　　　　潘家恩

全国高校出版社主题出版 ｜ 重庆市出版专项资金资助项目
西南大学创新研究 2035 先导计划资助项目

生态文明探索：视野与案例

王松良　吴仁烨　编著

西南大学出版社
SWUP
国家一级出版社　全国百佳图书出版单位

图书在版编目(CIP)数据

生态文明探索:视野与案例 / 王松良,吴仁烨编著
. -- 重庆:西南大学出版社,2022.10
(乡村振兴探索)
ISBN 978-7-5697-1319-0

Ⅰ.①生… Ⅱ.①王… ②吴… Ⅲ.①生态环境建设
-研究-中国 Ⅳ.①X321.2

中国版本图书馆CIP数据核字(2022)第043467号

生态文明探索:视野与案例

SHENGTAI WENMING TANSUO : SHIYE YU ANLI

编　　著: 王松良　吴仁烨

出 品 人: 张发钧
策划组稿: 卢渝宁　黄　璜　黄丽玉
责任编辑: 杨　萍
责任校对: 周　杰
排　　版: 江礼群
装帧设计: 观止堂_未　氓
出版发行: 西南大学出版社(原西南师范大学出版社)
重庆·北碚　邮编:400715
网址:www.xdcbs.com
经　　销: 新华书店
印　　刷: 重庆建新印务有限公司
幅面尺寸: 170 mm×240 mm
印　　张: 12.25
字　　数: 186千字
版　　次: 2022年10月　第1版
印　　次: 2022年10月　第1次印刷
书　　号: ISBN 978-7-5697-1319-0

定　　价: 66.00元

总 序

温铁军[①]

人们应该知道乡村振兴之战略意义实非仅在振兴乡村，而是在中央确立的底线思维的指导下，打造我国“应对全球化挑战的压舱石”。

2022年中央一号文件指出：“当前，全球新冠肺炎疫情仍在蔓延，世界经济复苏脆弱，气候变化挑战突出，我国经济社会发展各项任务极为繁重艰巨。党中央认为，从容应对百年变局和世纪疫情，推动经济社会平稳健康发展，必须着眼国家重大战略需要，稳住农业基本盘、做好‘三农’工作，接续全面推进乡村振兴，确保农业稳产增产、农民稳步增收、农村稳定安宁。”

为此，应把“三农”工作放入我国的新发展阶段、新发展理念、新发展格局中来解构。“三新”这个词，可能大家很少深入去思考，我们简单回顾一下。2021年1月11日，习近平在省部级主要领导干部学习贯彻党的十九届五中全会精神专题研讨班开班式上发表重要讲话强调：进入新发展阶段、贯彻新发展理念、构建新发展格局，是由我国经济社会发展的理论逻辑、历史逻辑、现实逻辑决定的。这是新时期全面推进乡村振兴的指导思想。

就“三农”工作来说，当前要遵照2020年党的十九届五中全会确立的国内大循环战略，“两山论”生态化战略，城乡融合发展战略。

我在调研过程中发现，很多地方在稳住“三农”工作时没能很好地学习和贯彻“三新”战略，还在坚持以工业化和城市化为主的旧格局，以至于很多矛盾不能很好解决。

---

① 西南大学乡村振兴战略研究院（中国乡村建设学院）首席专家、教授

新发展理念和旧的理念有很大不同，比如，现在我们面对的外部的不确定性，其实主要是全球化带来的巨大挑战。而全球化挑战最主要的矛盾就是全球资本过剩，这主要是近20年来，西方主要国家增发大量货币，导致大宗商品市场价格显著上涨，迫使中国这样“大进大出”的以外向型经济为主的国家多次遭遇“输入型通胀”。这些发达国家对外转嫁危机制造出来的外部不确定性，靠其国内的宏观调控无法有效应对。面对全球资本过剩这种历史上前所未有的重大挑战，我国提出以国内大循环为主体、国内国际双循环相互促进的主张。

因此，要贯彻落实2022年中央一号文件精神，就要把握好“稳”的基本原则，守住守好“两条底线”（粮食安全和不发生规模性返贫），坚持在“三新”战略下推进乡村全面振兴，打造应对全球危机的“压舱石”。

此外，在2000年以后世界气候暖化速度明显加快的挑战下，中国已经做出发展理念和战略上的调整。

中央早在2003年提出“科学发展观”的时候就已经明确不再以单纯追求GDP为发展目标，2006年提出资源节约、环境友好的“两型经济”目标，2007年进一步提出生态文明发展理念，2012年将大力推进生态文明建设确立为国家发展战略。“绿水青山就是金山银山”的“两山”理念在福建和浙江相继提出。2016年，习近平总书记增加了“冰天雪地也是金山银山”的论述。2018年5月，习近平生态文明思想正式确立。在理论上，意味着新时代生态文明战略下的新经济内在所要求的生产力要素得到了极大拓展，意味着新发展阶段中国经济结构发生了重要变化。

2005年，中央在确立新农村建设战略时已经强调过“县域经济”，2020年党的十九届五中全会强化乡村振兴战略时再度强调的“把产业留在县域”和县乡村三级的规划整合，也可以叫新型县域生态经济；主要的发展方向就是把以往粗放数量型增长改为县域生态经济的质量效益型增长，让农民能够分享县域产业的收益。

新发展阶段对应城乡融合新格局。内生性地带动两个新经济作为“市民下乡与农民联合创业”的引领:一个是数字经济,一个是生态经济。这与过去偏重于产业经济和金融经济这两个资本经济下乡占有资源的方式有相当大的差别。

中国100多年来追求的发展内涵,主要是产业资本扩张,也就是发展产业经济。21世纪之后进入金融资本扩张时代,特别是到21世纪第二个十年,中国进入的是金融资本全球化时代。但是,在这个阶段遭遇2008年华尔街金融海啸派生的“输入型通胀”和2014年以金砖国家为主的外部需求下滑派生的“输入型通缩”,客观上造成国内两次生产过剩,导致大批企业注销、工人失业,矛盾爆发得比较尖锐。同期,一方面,加入国际金融竞争客观上构成与美元资本集团的对抗性冲突;另一方面,在国内某种程度上出现金融过剩和社会矛盾问题。

由此,中央不断做出调整:2012年确立生态文明战略转型之后,2015年出台“工业供给侧结构性改革”,2017年提出“农业供给侧结构性改革”,2019年强调“金融供给侧结构性改革”,并且要求金融不能脱实向虚,必须服务实体经济。例如,中国农业银行必须以服务“三农”为唯一宗旨;再如,2020年要求金融系统向实体经济让利1.5万亿元。总之,中央制定“逆周期”政策,要求金融业必须服务实体经济且以政治手段勒住金融资本异化实体的趋势。

与此同时,中央抓紧做新经济转型,一方面是客观上已经初步形成的数字经济,另外一方面则是正在开始形成的生态经济。如果数字经济和生态经济这两个转型能够成功,中国就能够回避资本主义在人类历史两三百年的时间里从产业资本异化社会到金融资本异化实体这样的一般演化规律所带来的对人类可持续发展的严重挑战。

进一步说,立足国内大循环为主体的新阶段,则是需要开拓城乡融合带动的数字化生态化的新格局。乡村振兴是中国改变以往发展模式,向新经济转型的重要载体。因此,《中华人民共和国国民经济和社会发展第十四个五年规划和2035年远景目标纲要》指出，要坚持把解决好“三农”问题作为全党工作的重中之重，走中国特色社会主义乡村振兴道路。

为什么强调“走中国特色社会主义”的乡村振兴道路?

因为，在工业化发展阶段，产业资本高度同构，要求数据信息必须是标准化的，以实现可集成和大规模传输，这当然不是传统农村和一般发展中国家能够应对的。

并且，产业资本派生的文化教育体现产业资本内在要求，是机械化的单一大规模量产的产业方式。被资本化教育体制重新塑造的人力资本如果不敷用，则改用机器人替代……

中国特色社会主义最大的区别是，虽然产业资本总量和金融资本总量世界第一，但在发展方向上促成了乡村振兴与生态文明战略直接结合，对金融资本则严禁异化，不仅要求服务实体，而且必须服务于现阶段的生态文明和乡村振兴等生态经济，这就不是单一地提高农业产业化的产出量和价值量，而是包括立体循环、生态环保，以及文化体验、教育传承等多种业态。因此，乡村振兴不能按照资本主义国家农业现代化要求制定中国农业现代化标准，而是要按照建设“人与自然和谐共生”的现代化，形成中国特色社会主义乡村振兴的生态化指标体系。

近年来，党中央提出建设“懂农业、爱农村、爱农民”的“三农”工作队伍并指出“实践是理论之源”，多次强调国情自觉与“四个自信”。回到历史，中国百年乡村建设为新时代乡村振兴战略积累了厚重的历史经验。20世纪20至40年代，中国近代史上具有海内外广泛影响的乡村建设代表性人物卢作孚、梁漱溟、晏阳初、陶行知等汇聚重庆北碚，使北碚成为民国乡村建设的集大成之地，而西南大学则拥有全国高校中最为全面且独特的乡村建设历史资源。

为继承并发扬乡村建设“理论紧密联系实际”的优秀传统，紧扣党中央关于乡村振兴和生态文明的战略部署，结合当代乡村建设在全国范围内逾20年的实践探索与前沿经验，我们在西南大学出版社的大力支持下，特邀相关领域研究者与实践者共同编写本丛书，对乡村建设的一线实践进行整理与总结，希望充分依托实际案例，宏观微观相结合，以新视野和新思维探寻乡村振兴的鲜活经验，推进社会各界对新形势下的乡村振兴产生更为立体全面的认识。同时，也希望该丛书可以雅俗共赏，理论视野和实践经验兼顾，为从事乡村振兴的基层干部、返乡青年、农民带头人提供经验参考与现实启示。

理论是灰色的，生命之树常青！

是为序。

序

钱　宏

“生态文明”一词直到20世纪80年代末才由我国学者叶谦吉先生进行定义。早在1980年代初，叶先生思考着我国的农业将要面对农业生态环境日益恶化的严峻挑战，提出发展生态农业的观点和主张。1987年，叶先生将“生态的”的概念从农业扩展到社会经济各个领域而提出“生态文明建设”概念，指出“人类既获利于自然，又还利于自然，在改造自然的同时又保护自然，人与自然之间保持着和谐统一的关系”。8年后的1995年，美国人罗伊·莫里森在《生态民主》一书中，也呼应了叶先生的“生态文明建设”概念。此后，学者从不同维度对生态文明提出多种定义。从实践角度看，生态文明要求社会经济发展的同时也带来生态环境改善；从生态学定量角度看，生态文明就是人类在一定生态环境中的活动同“自然资本”的自我更新保持平衡。2007年，党的十七大报告正式将“建设生态文明”提到国家战略的高度，党的十八大报告进一步提出将生态文明建设融入经济、政治、文化、社会建设各方面和全过程，努力走向“社会主义生态文明新时代”。党的十九大报告，提出“成为全球生态文明建设的重要参与者、贡献者、引领者”。

摆在你面前的这本书，是从宏观角度和全球视野分析生态文明范式创立和传播的必然性。作者梳理了生态文明的历史、概念和行动，并通过古今中外生态文明建设的案例，试图为我国生态文明范式的创立和传播提供理论和实践支撑。

作为本书顾问，我首先想说的是，一切历史都是思想史，生态文明的历史转型，亦当是精神的超拔和思维的创新。“生态文明探索”实际也就是一场“生态文明转型”，甚至是一场“生态文明革命”。本书第一作者王松良博士，作为《全球共生：化解冲突重建世界秩序的中国学派》(2018)的副主编，那么，他想表达的主题，就应当是具有革命意义的“走向和协[①]、共生的生态文明社会”，这里的“和”“共”作为状语，而“协”和“生”是动词，蕴含呼吁全球社会一起实践和行动之意。

那么，如何将作为生态文明社会的灵魂的“和协”“共生”思想落到现实的生产、生活、生态、生命等“四生”实践上，适宜而谐美地处理人与自然(生态环境)、国家与国家、人与人的关系，继而落脚在我们的决策和行动中，至关重要。幸运的是，不仅生态文明建设战略，而且“倡导构建人类命运共同体”已经写进了党的十九大报告中，它们不仅及时性承接了马克思在《资本论》中阐述的“物质变换”思想，又共时性承载现代生态学的生物共生的思想。马克思“物质变换”思想，具有双重意义：一是自然界自身的物质变换，包括人与自然之间的物质变换；二是人类社会内部的物质变换，马克思用它分析资本的循环、商品的交换和消费过程，是一个完整的社会学过程，更是一个完整的生态学过程。而生态学揭示了地球上生命的存在与发展是完全依赖于“生态系统”中的生物之间的共生关系的，自然界生物各自拥有特定的生态位，通过吃与被吃的关系彼此联系为一个共生的链条，维持生物物种的遗传稳定，也维持着(地球)生态系统的稳定。

本着上述的宏大目标，我们必须彻底走出以资本主义的生产关系和方式为内核的现代工商“文明”，其循着现代实验科学的拆卸式的线性思维去改造自然生态系统的物质变换为人类服务，结果必然导致人类社会生产、生活、生态和生命等“四生”循环链条的断裂。今天，我们已经也必须看到，自然界的报复是一种远非人力可抗拒的报复，因此，必须自觉限制人类文明的足迹。

---

① 和协，和睦相处。

人与自然和人与人、人与社会的关系，是马克思恩格斯毕生探索的问题，他们在《1844年经济学哲学手稿》《资本论》《自然辩证法》等著述中，就人与自然各自地位和作用、相互演进过程及矛盾后果，提出了“我们这个世纪面临着两大变革，即人类同自然的和解以及人类本身的和解”的思路，至今对于我们走出旧的工商“文明”依然有很强的启示作用，即重建人与自然生命共同体，稳健走上生态文明之路。这也是这本字数不多的《生态文明探索：视野与案例》一书作者的写作出发点：“以经济为中心的发展带来一些自然和人文生态环境问题”。这个基础性问题，集中讲，就是按国民生产总值核算，中国已经超过日本成为“世界第二”，但问题在于，由于长期处于学习式超越状态，造成两大难题：一是而作为“民族灵魂”的创新活力不足；二是“全面生态背负”。这依旧是一个马克思式“物质变换”的自然历史故事，处于不同时空关系节点变化中的人们（个体和共同体），经历怎样的苦难与辉煌、血泪与欢笑，值得骄傲自豪，但不必过于得意自满，我们更需要获得“创新活力”去面对和解决“全面生态背负”的问题，这首先要用“人与自然和谐共生”思想反观和展望人类文明进程，获得一种透彻澄明而纯粹律动的“历史感”——从农耕文明与工商文明断代又迭代、历时又共时的现实，迈进生态文明新时代。

在这个意义上，王松良、吴仁烨的《生态文明探索：视野与案例》一书的出版可谓非常及时，并作出了具体可行的探索。

是为序。

生态文明,从概念到行动

乡村振兴,生态先行。在过去的百年间,全世界的各个国家都把城市扩张和建设作为本国经济发展的引擎和人民生活水平提高的动力,我国也是如此,尤其在过去40年间。从20世纪80年代以来,70%的国家和私人投资都留在城市,仅有30%的投资走向广大的农村;仅仅2016年的1年,中国就有1.7亿农村青壮年劳动力流向城市(Liu & Li,2017)。尽管2004年以来中央连续下发旨在鼓励农业发展的中央一号文件,但农村社会的空心化、空壳化、碎片化还在延续。

庞大人口的温饱问题也需要农业的持续发展来加以解决。因此,2017年10月的中国共产党第十九次全国代表大会上不失时机地提出了“乡村振兴战略”,2018年年初的“中央一号文件”正式把“乡村振兴战略”作为国家战略,文件要求各级政策制定者、研究者和教育者都要把关注点转向乡村。

大家都知道,我国历史上是农业国,乡村农耕文明是我国国家文明的源头和基础,新时期的乡村振兴应该呼应党的十七大、十八大、十九大提出的生态文明建设战略思想,把乡村生态文明的复兴作为乡村振兴的核心内容来实施。

生态文明战略实施,以乡村振兴实践为先导。党的十七大、十八大、十九大提出和不断提升的生态文明建设战略,目标在于转换我国工业和城市发展的机制,把建设生态文明作为中国呼应世界可持续发展的现实路径(Liu et al.,2018)。在建设全生态文明社会的战略背景下,城市工业和乡村农业要协同、融合发展,乡村振兴更是可以作为生态文明建设的现实"主战场"。

本书正是在国家提出生态文明建设和乡村振兴战略背景下,通过收集世界生态文明建设经验的例子,更重要的是总结生态文明建设和乡村振兴战略提出后全国各地生态文明建设的案例,为深化、健康、良性地协同实施生态文明建设和乡村振兴战略提供有益的借鉴。本书包含下列7个部分内容:

第一章　历史演化。向广大读者系统地介绍古今中外学者认定的"人类(社会)文明"的历史演化脉络,把"生态文明"作为人类"原始文明""农业文明"和"工业文明"的最终演化范式。

第二章　战略转变。从我国政府的行政管理到政府治理的理念变化中,叙述生态文明建设战略出台的过程、目的和意义,特别是其对推动全球治理新理念和新范式产生的价值。

第三章　认知框架。从对接我国古代的演绎思维体系和西方近代归纳(实验科学)思维体系,提出未来全球治理急需的"系统论"思维体系,这也是我国建设生态文明社会需要的"整体"思维体系。

第四章　理论范式。阐述生态学将是生态文明建设战略实施的核心理论基础。生态学的思维和研究范式是实施生态文明战略的合适研究方式,特别提到生态学作为自然和社会科学的桥梁作用,以及其等级尺度思维和研究方式对实施生态文明建设和乡村振兴战略的价值。

第五章　走向实践。按生态学的研究范式,分"尺度"选取生态文明方面的实践案例,分析其经验和教训,提出调整方向,以便推广应用。

第六章　教育先行。提出作者思考很久也正在小范围实践的纵向、横向两个生态文明教育先行的生态文明意识、方法论和技术培养框架,把它作为一个重点案例供读者、组织、部门在未来的生态文明教育实践中借鉴。

第七章　深度思考。把生态文明思维和战略置于全球健康治理的背景下，通过“一带一路”把“人类命运共同体”与“人与自然命运共同体”有机融合在一起，实现生态文明思维全球传播、实践。

全书尽量做到理论和案例平衡，文字和思维导图共存，以期对各层次、各领域读者都有启示作用。

第一章 历史演化

在历史上，人类犯下的最大的错误在于寻找快速的成功，过度地沉溺于自己的切身利益之中，贪婪而野蛮，奴役般掠夺自然资源，破坏生态平衡，以致摧毁我们自己的生活环境。

——叶谦吉[①]

在我国，“文明”一词最早出现在先秦的《易经·乾卦·文言》中：“见龙在田，天下文明”，其中，“龙”即“青龙”，古代天文学家把天空中可见的星分为二十八组，叫作“二十八宿”，分为四组，东边一组称为“东方苍龙七宿”。因此“见龙在田，天下文明”，象征万物复苏，大地锦绣，五谷丰登，天下平和。从这里大家可以推测，“文明”与自然生态环境息息相关。再晚些时候的古籍《尚书·舜典》中出现“浚哲文明”一句，“浚”是“深邃”的意思，“哲”是“智慧”，意思很明显，“文明”总是和具备深邃智慧的人类相伴。唐代的孔颖达[②]是这样解释该句中的“文明”两字的：“经天纬地曰文，照临四方曰明。”“经天纬地”意为认识大自然，“照临四方”就是要造福人类和自然生物。也即人类只有认识自然、顺应自然，才能创造文化、造福自己和天下众生。这样，综合上述关于“文明”的理解可见，它们都反映出“文明”源于健康的自然和智慧的人类之大内涵，“文明”的本源就是今天我们所说的“生态文明”（王松良，Caldwell，2016）。

① 叶谦吉（1909—2017），我国著名的生态经济学家，我国第一个使用“生态文明”和“生态农业”一词的学者。

② 孔颖达（574—648），冀州衡水（今属河北）人，唐代经学家。

那么西方社会是如何理解“文明”的呢?“文明”的英文是“civilization”,源于拉丁文的“civis”。《牛津英语词典》中对“civilization”所列解释:(1)社会发展的高级阶段;(2)构成社会的人民达到所谓“文明”的程度;(3)一个国家或一个人在社会进化过程的一个阶段;(4)使人变得“文明”的一个行为或过程;(5)一般指集中居住在都市的人(与分散居住乡下的人相比较而言)。归纳起来,西方社会的“文明”,指那些有文化、被教化的懂得遵守社会规范的特定人群及其构成的社会形态。从古罗马和古希腊的社会形成和构成看,早先居住在乡村的祖先没有文明,只有出现城邦社会后才有了文明,因此文明是指城邦文化的集成,其演化特征主要反映在社会生产方式的进步上。这一点与我国对“文明”的定义和理解是不一样的,我们常说我国具有5000多年的文明史,但我国出现城市的历史较短。我国以农立国,恰恰这3500年孕育的乡村农耕文明是我们延续5000多年文明的根源和基础,乃至现在,我们都还可以说,所有的城里人都是从农村来的,所有城里的文明社会都根源于乡村农耕文明。因此,从我国自己的叙述史看,文明经历了原始文明、农业文明、工业文明,加上今天我们提倡的生态文明,共四个阶段。本书作者就按这个脉络给各位读者叙述“文明”的历史演化进程。

第一节　原始文明:自然即文明

地球生态环境是人类文明诞生和演化的根本前提。

我们人类居住的地球是如何诞生的呢?按照现代宇宙学中影响最大的一种学说——大爆炸宇宙论,我们所处的宇宙年龄不超过140亿年,诞生于一次偶然大爆炸,它让原先“沉寂”的宇宙热闹起来,杂乱无章的星云和物质颗粒散布、无序运动在无限的空间,大约距今46亿年前,无序的星云逐渐聚集成球状物,其中之一便是“原始地球”,伴随着物质的重新组合和分化,“原始地球”内部的各种气体上升到地表成为“第二代”大气。后来,绿色植物出现了，植物的光合作用将“第二代”大气转变为“现代”大气。同时，地球内部温度升高，使其内部结晶水汽化，并随着地表温度逐渐下降，气态水经过凝结、降雨落到地面形成水圈。约在三四十亿年前，地球上开始出现单细胞生命，然后逐步进化为各种各样的生物。人类登上地球的舞台后，各类生物之间及其与环境之间的漫长互动，构成了一个复杂的生物圈，象征着原始文明正式肇始。

人类祖先的生存和发展根本上控制在自然力量手中，采集和捕猎是他们仅有的生存和发展手段，因此原始文明也被称为“渔猎文明”（张纯成，2008）。在渔猎文明阶段，简陋的石器是我们的祖先与自然“抗争”的简陋工具，文明的发展极其缓慢。但我们的祖先在长期的生存斗争中也从自然中学到了最为朴素的生态学知识，算是生态学产生的萌芽阶段。

在漫长的原始（渔猎）文明阶段，人类祖先在与自然的关系中形成原始的生态观，那就是万物有灵论，即自然的力量是巨大的，目前留下的原始文明阶段的宗教和神话都是一种对自然崇拜的解读，但正是对自然神秘力量的崇拜和疑惑使人类形成机械的生态观，比如，不管西方还是东方，都把地球看作一“位”活的、对人类形成有反应的“母亲”。我国当代著名诗人郭沫若①1919年发表的《地球，我的母亲》这样讴歌人类伟大的“母亲”地球：

…………

地球，我的母亲！

我过去，现在，未来，

食的是你，衣的是你，住的是你，

我要怎么样才能够报答你的深恩？

① 郭沫若（1892—1978），当代中国诗人和历史学家，其早期的多首诗篇反映一种自然观思维。

地球,我的母亲!
从今后我不愿常在家中居处,
我要常在这开旷的空气里面,
对于你,表示我的孝心。
……
地球,我的母亲!
我羡慕那一切的草木,
我的同胞,你的儿孙,
他们自由地,自主地,
随分地,健康地,
享受着他们的赋生。

地球,我的母亲!
我羡慕那一切的动物,
尤其是蚯蚓——
我只不羡慕那空中的飞鸟:
他们离了你要在空中飞行。
……
地球,我的母亲!
从今后我知道你的深恩,
我饮一杯水,
我知道那是你的乳,我的生命羹。
……
地球,我的母亲!
我的灵魂便是你的灵魂,
我要强健我的灵魂,
用来报答你的深恩。
…………

正如诗人所讴歌的,我们人类的一切都来自地球这位“母亲”,如果把宇宙设想为一个活的机体,地球就是一个有着呼吸、循环、生殖和排泄系统的滋养万物的人类母体。但人类在与自然的抗争中渐渐树立了信心,逐渐形成“人类中心主义”的思维,比如原始宗教和神话中的主角往往也被塑造成人的外形。但毕竟,人类的力量与自然相比微乎其微,根本无法撼动自然。自然依然故我,遵循一定的规律进化,产生生命又伴随着灭绝,生物在起源、进化、演替过程中历经沧桑,迄今经历的种群大灭绝,大都属于天体灾难或自然灾害等导致的灭绝。

人类还是存活了下来,或者说其他许多祖先级的生物灭绝了,人类存活下来,建立自己的知识积累体系,形成自己的“原始文明”。但是对于“文明”内涵至为重要的生产方式而言,原始文明是典型的“自然”依赖型的生存文明。

人类大约在地球生存了数百万年,约20万年前非洲演化出现代人罗德西亚人;我们的智人祖先们都是依靠“采集”与“捕猎”维持自己的生命和人类的繁衍。在这漫长的过程中,我们的祖先积累了许多自然的知识,但由于自然条件的制约,人类人口不可能繁衍很快。铁器的出现使人类与自然的关系进入一个新的时代,人类的食物来源变化了,从食物收集变为食物生产,刀耕火种式的“原始农业”诞生了,人类社会也正式进入了“原始文明”阶段。在原始文明或“自然”文明阶段,人与自然界的动物处于同一生态位——生物在生态系统的物理空间中所占的位置,一方面,位于同一生态位的人类与大型动物不管在生境上还是食物链上都是竞争的关系,竞争的结果能维持人类与动物的生物种群数量的均衡关系,从而使各自的种群得到繁衍、延续;另一方面,人类在与自然其他生物的竞争中逐渐产生有别于其他动物的适应能力,即有能力对来自自然的材料进行初加工使其成为“工具”,或者群集活动进行“采集”和“狩猎”。尽管采集和狩猎可能面临有毒性的植物和凶猛动物的威胁,但总体而言,主动劳动让来自自然的食物增多,使人口得到相对稳定的增长。更重要的是,经验和知识在这个过程中逐步积累,采集运输回家的植物可能在路上掉下种子而发芽,长成下一季可以收获的农作物食物,成为种植业的萌芽;关在家里的动物幼崽可以在适当喂食下成长,成为家中“能长大”的储备食物,是养殖业的前身。在这个过程中,总出现智者的代表人物,我国神话人物中能代表农业和医药鼻祖的“神农氏”就是这样的智者。传说中的神农氏为了探索可作为食物和医药的自然生物,尝遍百草,发现药材,教人治病。

以农业生产为主要形式的物质生产力大幅度提高,从此也进入了对自然知识的快速积累阶段,人类从劳动中积累知识足以让农业和食物的生产方式产生质的改变,人类社会进入“传统农业”阶段,人类文明对应地进入“农业文明”阶段。

第二节　农业文明:农耕孕育真正的文明

从原始文明转变为农业文明不是瞬间完成的,而是逐步过渡的。实际上,在原始文明后期,以“采集和捕猎”为生的祖先所用的工具进步了,智力也进化了,积累了大量丰富的与自然斗争的经验,食物也多了起来,也有了观察自然、理解科学知识的休闲时光。在这个期间,世界范围内产生了四大古文明:

古埃及文明。非洲东北部尼罗河下游的文明古国,依托狭长带状、景观连续的尼罗河,约公元前3200年,建成统一国家。这里气候湿润,水资源和生物资源丰富,便于农业生产力形成、人口增加以及文化、文字的创造,文明也得以被记录。古埃及人逐渐掌握其“母亲河”——尼罗河泛滥的规律,直接促成太阳历（即我们平常所用的"阳历"）[①]的发明，把一年分为12个月，一年平均365天，闰年366天。"阳历"一直沿用到现在。

古印度文明。公元前2500—前1500年，位于南亚的印度河、恒河流域孕育了古印度文明。当时的印度三面环海，北方背靠世界屋脊喜马拉雅山脉，形成恒河、印度河两条河流和一个冲积平原，南部的高原分布着茂密的森林和丰富的矿产，属于热带季风气候。这里不仅农业生产发达，而且丰富的能源促进了冶金业、制陶业的发展。

古巴比伦文明。西亚的中心美索不达米亚平原上分布着两条大河——幼发拉底河、底格里斯河，这里水源丰富、土壤肥沃，促进了文明的诞生和发展。两河雨量分布不均、洪水泛滥频繁，促使古巴比伦人研究排水，发明和使用大规模的灌溉网。

中华文明。大约诞生在距今5000多年至4000年期间的黄河流域和长江流域等地。中华文明是一种真正的农业文明。源远流长的中华文明，积累了足以让世界学习的生态学萌芽思维。诞生于原始农业末期的道教文化，提倡的是"天人合一"的人与自然关系观。道家始祖李聃（老子）认为，人与其所属的人类社会都是自然演化的产物。老子的继承者庄子也认为"天地者，万物之父母也"，"天地与我并生，而万物与人为一"。后来，荀子的"制天命而用之"等都是对老子"天人合一"思想的继承与发展。到了农业文明的第二个阶段，土地和人力成为物质生产的主要力量，因此尊重土地、尊重环境逐渐成为当时社会的主流思想。距今2000多年的先秦时期的农耕文化也以顺应作物的生长和节气变化为出发点，它蕴含了十分朴素的生态学思想，是现代生态农业、生态林业（林下经济）的雏形。如孟子提出"不违农时，谷不可胜食也，数罟不入洿池，鱼鳖不可胜食也；斧斤以时入山林，材木不可胜用也"；东周管仲提出"敬山泽林薮积草，夫财之所出，以时禁发焉"；《吕氏春秋》中的"四时之禁"，西周的《伐崇令》，先秦的山虞、泽虞、川衡、林衡部门的设置等无不体

① 太阳历是以地球绕太阳公转的运动周期为基础而制定的历法，我国的日历计算用"阳历"，也用我们自己发明的"阴历"计算每年天数，也称为"农历"，后者是指按月亮的月相周期来安排的历法。

现了古代人民朴素的环境保护思想(方精云等,2013)。直至《淮南子·天文训》对二十四节气的系统论述和应用,反映出了中国古代较成熟的生态学思想。中国古代谚语云:大鱼吃小鱼,小鱼吃麻虾,麻虾吃泥巴,很形象地表明了现代生态学的食物链原理。

实际上,中国数千年传统农业的进化历程始终遵循着人与自然和谐共生的朴素生态观,经过长时间的坚持和发展,我国传统农业形成一种稳态平衡的农业生态系统。因此,用现代的话语来说,我们的传统农业是"生态学"思想指导下的"生态农业",是全球"农业文明"的典范。著名农业生态学家张壬午等在1996年对我们传统农业的"文明"做法有如下总结:利用生态学的物质循环利用原理,将农牧渔组成一体化生产体系是我们传统农业的典型做法,通过对农业产生的废弃物质的多次循环利用形成无废弃物的生产体系。张履祥(1611—1674)所著的《补农书》总结道:"人畜之粪与灶灰脚泥,无用也,一入田地,便将化为布、帛、菽、粟。"即把人畜粪、草木灰等,施入田地中成为各种作物的有机养分,反映了生态学的物质循环利用的原理。

同样的道理还有许多创新性的应用,比如,"桑基鱼塘"也是我国"农业文明"的典型案例:我国珠江三角洲和太湖流域由于地势低洼,水患严重,当地农民经过长期的生产实践,总结出把低洼地挖深为"塘",挖出的泥土覆于四周成为"基",塘内养鱼,基上植桑,从而使水体与耕地合理布局。再把桑、蚕、鱼有机地联系起来,桑叶喂蚕、基沙养鱼、鱼粪肥塘、塘泥肥基、基肥促桑,形成了高效益的有机物循环利用模式。清朝《高明县志》中就有极为清晰的记载:"将洼地挖深,泥复四周为基,中凹下为塘,基六塘四,基种桑,塘蓄鱼,桑叶饲蚕,蚕粪饲鱼,两利俱全,十倍禾稼。"随着经济水平及科学技术的发展,又由桑基鱼塘发展成蔗基鱼塘、果基鱼塘、菜基鱼塘、稻基鱼塘等多种基塘系统(图1-1)。

图1-1　珠江三角洲一带的“桑基鱼塘”(图片来源:骆世明,2007年)

总之,通过有机物质的循环利用,将农林牧副渔业联结成一个互为利用的整体,牧渔业依赖种植业提供饲料,种植业依赖牧渔业提供肥源,五业互相依存,互相促进,形成了农林牧副渔综合发展多种经营的良性循环,使农业生态经济系统趋于稳定。

利用现代生态学的生态位原理。我国传统农业非常讲究多种作物的搭配与布局,创造了间作、混作、套种等多层次的种植制度,使农田生态系统景观和生物多样化,提高了农田生态系统的稳定性。

我国传统农业对农田的生物多样性极为重视,把两种或两种以上的生物种群合理组合起来,利用生物“相生”组合使种间互利共荣,利用生物“相克”组合达到生物防治的作用。按照现代生态学的话说就是,充分利用生物之间的互利共生,构建多样性的农田生态系统。明代《渭崖文集》记载,广东顺德一带水田中有一种小蟹以稻谷的嫩芽为食,是水稻之害。由于鸭可食蟹,当地农民便在水田中养鸭,于是既生产了鸭肉、鸭蛋,消灭了危害水稻的螃蟹和害虫,而鸭粪又肥了稻田,实现了一举三得。还有稻田养鱼利用了鱼食水草、鱼粪肥田的共生关系,达到除草、养鱼、肥田的目的(图1-2)。

图1-2　稻田养鱼(图片来源:王松良,2021年)

利用自然界物种间的食物链关系防治害虫是中国治虫史上的杰出成就之一。晋代稽含在《南方草木状》中记载:"……蚁赤黄色。大于常蚁。南方柑树若无此蚁,则其实皆为群蠹所伤,无复一完者矣。"这是世界上以虫治虫的最早记载,同时也是世界上最早记载的生物防治先例。

总之,中国传统农业遵循着生态学的物质循环原理、生态位原理等加以实践,虽然当时没有生态学学科术语的记录,但无疑蕴含着现代生态学思想,或者现代生态学的理论来源。其中最典型的思维是"天、地、人""三才思想"。《吕氏春秋·审时》中说,"夫稼,为之者人也,生之者地也,养之者天也",这是"三才思想"的最初描述。而后这种思想在农业文明时期各类农业典籍中随处可见,比如在《管子》一书中写道:"天时不祥,则有水旱,地道不宜,则有饥馑","五谷不宜其地,国之贫也";《淮南子·主术训》道:"上因天时,下尽地财,中用人力,是以群生遂长,五谷蕃殖";《氾胜之书》云:"种禾无期,因地为时";贾思勰在《齐民要术》中写道:"顺天时,量地利,则用力少而成功多,任情返道,劳而无获"。此外,《王祯农书》《农政全书》等我国古代典籍无不以"三才理论"为指导农业生产的要论(张壬午等,1996;罗顺元,2011)。

农业文明时代也同样有环境问题，只不过这种环境问题是局部的、区域性的。当然这些局部问题长时间得不到认识和重视，足以让诞生文明的生态环境被破坏到难以恢复的地步，文明也会因之最终衰退。著名历史学家汤因比曾指出：在人类历史进程中产生的26个文明中，至少16个文明已经死亡（转引自：孙娜，2012）。古埃及文明凋敝了，古巴比伦文明消逝了，古印度文明衰落了，玛雅文明失踪了，古楼兰文明沙化了。君不见，而今古埃及文明只留下金字塔矗立在沙漠中，似乎控诉着人类的无情。诞生古印度文明的塔尔高原如今是一望无际的沙漠！正如恩格斯（1820—1895）在研究农业文明时代的生态环境破坏后指出："我们不要过分陶醉于我们对自然界的胜利。对于每一次这样的胜利，自然界都报复了我们……"，恩格斯继续说道："美索不达米亚、希腊、小亚细亚以及其他各地的居民，为了想得到耕地，把森林都砍完了，但是他们梦想不到，这些地方今天竟因此成为荒芜不毛之地，因为他们使这些地方失去了森林，也失去了积聚和贮存水分的中心。阿尔卑斯山的意大利人，在山南坡砍光了在北坡被十分细心地保护的松林，他们没有预料到，这样一来，他们把他们区域里的高山畜牧业的基础给摧毁了；他们更没有预料到，他们这样做，竟使山泉在一年中的大部分时间内枯竭了，而在雨季又使更加凶猛的洪水倾泻到平原上。"①

第三节　工业文明：让文明陷入困局

18世纪60年代，发生在英国的工业革命，开启了"工业文明"历程。人类在创造巨量财富的同时，也面临着前所未有的困难和挑战。这也成为在前两个"文明"阶段向自然学习获得的生态学思想萌芽的基础上最终生态学得以诞生的催化剂。

---

① 中共中央马克思恩格斯列宁斯大林著作编译局.马克思恩格斯选集：第3卷[M].北京：人民出版社，1972:517-518.

工业革命的肇始要从文艺复兴和知识革命说起,此前欧洲大约经历了1000年宗教统治的“黑暗时期”。近代天文学之父哥白尼(1473—1543)提出“日心说”,物理学之父伽利略(1564—1642)改进望远镜和其所带来的天文观测支持了哥白尼的“日心说”,动摇了宗教统治,引起统治集团的恐慌,他们对提出“日心说”和实验验证“日心说”的哥白尼、伽利略及其学生进行迫害。但残酷的迫害并没有阻止对自然新认识带来的“光明”,在文艺复兴的促进下,欧洲各国陆续开展了科学和技术的革命。特别在培根(1561—1626)[①]的“知识就是力量”的强有力号召下,实验科学从意大利扩展到德国最后在英国生根发芽,英国率先出现工业革命,然后就传播到欧洲各国,接着扩展到全世界。

意大利人伽利略是近代实验科学的先驱者,正如当代著名物理学家霍金(1942—2018)所说:“自然科学的诞生要归功于伽利略,他这方面的功劳大概无人能及。”

1590年,伽利略在位于意大利托斯卡纳省比萨城的比萨斜塔上做了两个不同重量的铁球下落的实验,得出它们同时落地的结论,推翻了从古希腊亚里士多德(公元前384—前322)时代开始流行了近1900年的“物体下落速度和其重量成比例”的错误结论,得出如果不计空气阻力,轻重物体的自由下落速度是相同的,即重力加速度的大小都相同的结论。

随后,实验科学在欧洲各国兴起,在农业化学、植物营养领域,最著名的例子莫过于德国的李比希(1803—1873)证明了无机肥料对作物生长和产量提高具有促进作用的实验。他在无机化学、有机化学、生物化学等方面都作出了贡献。

然而,近代以实验科学为内核的自然科学是一种基于“窥一斑而见全豹”的思维基础上的机械论(或称简化论、还原论、归纳论),它提供欧洲工业发展

---

① 培根是第一个提出“知识就是力量”这个人类发展史上最响亮口号的人,他极力提倡物质是世界本源的唯物发展论,提倡探索自然、改造自然、发展生产、提高生产力。为此,通过批判当时还占主导地位的经院哲学和神学权威提倡实验科学,被称为“近代科学的奠基人”。

需要的技术知识，直接推动英国工业革命的诞生，促使生产力的极大进步，反过来也加速人口的爆炸、强化人类社会与自然关系的“二分”，同时促进当代流行的经济学理论诞生和飞速发展，以及以竞争为内核的社会达尔文主义的流行，强调竞争胜过合作。从实验科学技术为核心的机械论或简化唯物主义自然科学家的视角来看，正义的理念是不可理解的，也是无法实现的，“发展（development）”往往被定义为必须彻底把自然界和人作为工具，以实现利润最大化和可以随意支配收入的行动（盖尔，2010）。

这种机械论认识观不再将自然视为有生命的东西，而是把自然视为一种由原子构成的，可由数学定量化的物质体系，可以用物理力学原理来解读和数学原理来计算，自然空间被等同于“几何王国”，时间被等同于数学的连续性。人类的生存自然被当作一个坚硬、冷漠、无色、无声的死寂世界；整个世界（包括人在内）被看成是一部机器，原子的运动则是构成这部机器的零部件，是可以按照力学规律进行数学统计的世界。随着近代物理、天文学巨匠牛顿（1643—1727）的《自然哲学的数学原理》对自然解释的巨大成功，全面确定的物质世界图景耸立在人们面前。特别是人类借助工业革命即时从自然中获得利益后，把自然进行肢解的欲望愈来愈强，彻底打破了人类对有生命的自然的认识，和人类与自然的有机联系。

工业革命让世界的生产力大大提高，物质丰富甚至过剩，如果把工业革命带来的物质丰富和经济发展作为一段文明来解读的话，“工业文明”打破了历时数千年的农业文明体系，却忽视了经济发展永远不可能摆脱制约它的生态背景，也付出了资源破坏、环境污染和贫富差距加大的巨大代价。在古典主义经济学的鼓噪下，GDP成为人类唯一追求的目标，这种态度最终产生了资源枯竭、环境污染等一系列严重的生态危机。人本主义哲学家弗洛姆（1900—1980）说过这样一段话：“我们奴役自然，为了满足自身的需要来改造自然，结果是自然界越来越多地遭到破坏。想要征服自然界的欲望和我们对它的敌视态度使我们人类变得盲目起来，我们看不到这样一个事实，即自然界的财富是有限的,终有枯竭的一天,人对自然界的这种掠夺欲望将会受到自然界的惩罚。”技术性的“工业文明”给人类带来了许多好处和福利,但也造成了危及人类生存的全球性问题,使人类面临如下的严峻挑战:环境污染、资源枯竭、自然灾害、物种消亡、温室效应、臭氧层空洞、酸雨,以及人口膨胀、贫富分化、贪污腐败、吸毒贩毒、恐怖主义、疾病为患、战乱不止等(孙娜,2012)。

以经济学的利润为依据的发展与培养精英阶层是绑在一块的。精英阶级在体系建立之时也许有正面的作用,但是随着经济体量越来越庞大,他们退化到“寄生虫”的位置,因为他们热衷于统治他们所谓的“社会成员”——工人和农民,热衷于积累各种社会资源,热衷于生产各种豪奢物品和武器,其生产规模远远超过农业文明时期,构建起自以为有利于统治的世界工业分工体系和文明格局。殊不知,正是这种不公平的经济体系,成为他们压迫别人、破坏自然的工具。

工业革命始于英国这个原本依山傍水的国家,而几乎同时,该国许多智者一开始就认识到工业化带给国民的不仅是利益,还有危险。英国著名诗人布莱克(1757—1827)警告说:“工业能够把我们从工业革命前大多数人所处的那种贫穷和绝望中解放出来,但是我们付出了摧毁我们灵魂的代价。”

实际上,除了布莱克,欧美发达国家的知识分子对关于工业革命的实验学科技术及其后果有诸多评判:

1762年,法国启蒙思想家卢梭(1712—1778)通过他的《爱弥儿》一书主张限制人的欲望,对破坏自然的工业文明展开批判,他说:“大自然不会欺骗我们,欺骗我们的往往是我们自己。”他注重生命链,认为蚂蚁、蜜蜂等在本质上是与人平等的,各自在自然的秩序中有其地位,因此大声呼吁“让我们回归自然”,因为在他看来,自然意味着内心的状态、完整的人格和精神的自由。与之形成对比的是社会在“文明”的幌子下进行的关押和奴役。因此,回归自然就是使人恢复这种自然过程的力量,脱离外界社会的各种压迫,以及文明的偏见。

1854年美国作家、超现实主义者梭罗(1817—1862)的《瓦尔登湖》,记录了自1845年来他在距离康科德两英里的瓦尔登湖畔隐居两年、自耕自食,体验简朴和接近自然的生活。他在书中说了对处于现代的我们有警醒作用的箴言:要是文明人的理想还比不上野蛮人,要是人一生的大部分时光都浪费在追求世俗的生活所需和舒适上,那即便他拥有比野蛮人都舒适的住所,又有何意义呢?为此他极力呼吁人类重视自然、回归自然。

1859年,英国著名生物学家达尔文(1809—1882)的划时代巨著《物种起源》出版,它告诉人们自然选择决定了生物物种的产生和存在,打破了工业革命时期形成和不断强化的人类中心主义[①]。

1864年,美国国家公园之父缪尔(1838—1914)被加拿大荒野的美丽和宁静撼动,在他的《我们的国家公园》里极力抨击人类中心主义和践踏自然的无知。

1864年,美国人马什(1801—1882)出版了著名的《人与自然》一书,书中探讨了人类活动对自然的负面影响,提出人对地球的管理不单纯仅仅是经济活动,更要有道德关怀[②]。

1865年奥地利神父格雷戈·孟德尔(1822—1884)根据豌豆杂交试验,提出遗传单位(现称"基因")的概念,成为近现代遗传学的基础。

---

① 达尔文,英国博物学家,进化论的奠基人,22岁从剑桥大学毕业后,以博物学家的身份乘海军勘探船"贝格尔"号进行历时五年的科学考察,观察并搜集了动植物和地质等方面的大量材料,经归纳整理与综合分析,形成了生物进化的概念,于1859年出版了震动当时学术界的《物种起源》一书,成为生物学史上的一个转折点。达尔文的《物种起源》提出的生物进化的"自然选择,适者生存"准则是对自然界对生物(包括人类)选择的生态学规律的最有力的揭示,因此达尔文是生态学家,是近代生态学在7年后的1866年在德国诞生的有力证据。但是生活在工业革命的后来者基本很庸俗地把这个进化论著名的"八个字"理解为不管生物还是人类要生存在这个"弱肉强食"的世界(社会)上就必须加入残酷的"竞争(斗争)",久之,达尔文的生态学思维消失了,人类变成"社会达尔文主义"者。

② 乔治·马什之所以凭着一本《人与自然》被称为"当代美国生态学之父",是因为该书第一次提出人类(社会)的一切都来自自然,并用人类的疾病原因来类比自然的不健康对人类的危害。人们从该书中找到了"生态系统健康""生态系统服务"概念的源头。

但是反思人类中心主义的思想革命的最大成果产生于1866年,因为这一年德国动物学家海克尔(1834—1919)(图1-3,此人对本书而言极为重要,后面还会多次提到)首次提出“生物发生律”。海克尔认为自然是正义之源,宇宙是一个统一而平衡的有机体。澳大利亚当代著名后现代过程哲学思想家盖尔(1948—)评价生态学的重要性时,说“(它)整合了所有这种认识的科学,也就超越了科学和人文学科的对立,从而能够给叙事和更抽象的思想腾出地盘,通过叙事和更为抽象的思想,人类创造自身并重新定义自身和其他事物的关系,这种科学就是生态学”(盖尔,2010)。

图1-3 博物学家海克尔(王翊扬 绘制)

实际上,与海克尔同时代的科学社会主义理论缔造者马克思(1818—1883)、恩格斯(1820—1895)也非常关注并主动吸收生态学的思想。显然,他们都阅读过达尔文和海克尔的著作,并把自然与人类密切关系的知识融入到他们对资本的批判中,在他们的其他著作中也体现出丰富和成熟的生态学思想。例如,马克思在其经典著作《资本论》中一针见血地指出,资本在提升人类对自然界的支配能力的同时,也在侵害自然,侵害着与自然有内在联系的人类自身,导致经济危机、生态危机(孙娜,2012)。他指出,“劳动首先是人和自然之间的过程,是人以自身的活动来中介、调整和控制人和自然之间的物质变换的过程”[1]。恩格斯在其经典著作《自然辩证法》中,除了那段“但是我们不要过分陶醉于我们对自然界的胜利……”的经典预判外,他还指出:“人本身是自然界的产物,是在自己所处的环境中并且和这个环境一起发展起来的。”[2]总之,马克思、恩格斯都运用了生态学的观点来看待人类文明的发展,强调了生态环境对人具有的客观性和先在性,人类对自然的开发与改造,必须建立在尊重自然、顺应自然规律的基础之上。

生态学逐渐被广泛认可,得到迅猛发展。其间还有诸多学者反思了“工业革命”对人性的思考和自然价值的认识:

1920年,奥地利心理学家、精神病医师弗洛伊德(1856—1939)出版《精神分析引论》,系统讲述了精神分析学的一些基本问题,这为生态伦理学认为的“人类是自然界唯一的害虫(有害生物)”观点提供了极好的注脚。

1949年,美国“生态伦理学之父”利奥波德(1887—1948)出版了《沙乡年鉴》一书。利奥波德在此书的“土地伦理”中提出了著名的“土地伦理”观点,认为土地是大自然赐给人类的最不夹有私心的礼物,如今却被人类以各种理由加以毁坏。

第四节　生态文明:让人类文明回归自然

人类生存的地球存在的“五大生态危机”,已经威胁了人类这个物种的存在,以及人类文明的走向。文明从工业文明走向全面的生态文明,就等于人类又有机会重新回归到与自然和谐相处的状态。

---

① 中共中央马克思恩格斯列宁斯大林著作编译局.马克思恩格斯选集:第2卷[M]北京:人民出版社,1995:177.

② 中共中央马克思恩格斯列宁斯大林著作编译局.马克思恩格斯选集:第2卷[M]北京:人民出版社,1995:374-375.

从字面上最早提出“生态文明”的是我国生态学家叶谦吉先生。但是为世人所知的“生态文明”概念是中国共产党提出的。2007年,党的十七大报告提出“生态文明”,2012年党的十八大报告提出加快建立生态文明制度。经过研究者的阐释和实践者的应用,生态文明在中国的政治经济语境下形成一个相对完整的体系:生态文明是构建可持续的生产和消费体系,以实现人与人之间、人与自然之间以及自然和社会之间的和谐的“文明形态”,并将这种和谐的体系作为中国响应国际,实现可持续发展的现实途径(Liu et al.,2018)。

毋庸置疑,生态文明概念和思想萌芽源于国内外对西方的工业文明的反思和扬弃。这样的反思和扬弃在社会主义思想的缔造者马克思和恩格斯的著作中得到较为系统的反映。尽管马克思和恩格斯没有使用过“工业文明”和“生态文明”的概念,但从他们早期的著作和信件中都能体会到朴素的生态文明思想和思维,例如,在马克思1868年给恩格斯的信中这样说:“耕作如果自发进行,而不是有意识地加以控制……接踵而来的就是土地荒芜,像波斯、美索不达米亚和希腊那样。”[①]接着才有恩格斯在著名的《自然辩证法》中对“美索不达米亚”环境破坏的精辟评价。这些论述都集中体现马克思和恩格斯对以人与自然和谐关系为本质特征的生态文明社会的追求。

我们有把马克思主义的思想精髓以及我国数千年农耕社会对人与自然和谐相处的精华融于生态文明思想体系的理论和实践。新中国成立之初,毛泽东主席就发出“绿化祖国”的号召,可谓是今天我们建设“美丽中国”的先声。此后中国政府主动参与1972年的联合国人类环境会议,并且对历次大会积极响应,赢得了世界各国及其人民的尊敬。自1973年以来,我国一直都是联合国环境规划署理事会成员,相继参与提出和实践了规划署的《人与生物圈计划》《国际地圈与生物圈计划》《生物多样性公约》等,更是1997年旨在联合世界各国控制气候变暖的《京都议定书》的积极推动者,为世界构建人与自然生命共同体做了重大的基础性工作。2007年,党的十七大报告正式提出

① 中共中央马克思恩格斯列宁斯大林著作编译局.马克思恩格斯全集:第32卷[M].北京:人民出版社,1974:53.

建设“生态文明”；2012年，党的十八大报告提出“大力推进生态文明建设”，把生态文明建设放在突出地位，融入经济建设、政治建设、文化建设、社会建设各方面和全过程，努力建设美丽中国，实现中华民族永续发展。与此同时，在全国范围开展了生态文明社会形态、属性和建设路径的研究，在实践中丰富了生态文明建设的经验和思想。2017年，党的十九大鉴于全国生态文明建设取得的巨大成就，提出生态文明制度体系加快形成。

客观地说，党的生态文明战略的提出和实施也体现了习近平生态文明思想从酝酿到成熟的过程。2018年5月18日至19日，全国生态环境保护大会在北京召开，会上，习近平总书记提出新时代国家推进生态文明建设的六项原则，即坚持人与自然和谐共生，绿水青山就是金山银山，良好生态环境是最普惠的民生福祉，山水林田湖草是生命共同体，用最严格制度最严密法治保护生态环境，共谋全球生态文明建设。该六项基本原则标志着生态文明建设进入一个新阶段，深刻回答了为什么建设生态文明、建设什么样的生态文明、怎样建设生态文明的重大理论和实践问题，是我们党的重大理论和实践创新成果，是新时代推动生态文明建设的根本遵循，也标志着习近平生态文明思想成为习近平新时代中国特色社会主义思想的重要组成部分。

按作者的理解，在生态文明提出的阶段，有四个历史进程需要铭记：

• 1962年，美国海洋生物学家卡森（1907—1964），出版了现代环境保护运动的经典之作——《寂静的春天》，以专业的观察、科学的逻辑和文学的语言揭露了美国现代化工产业特别是农药DDT的生产对自然界生物生命的威胁和人类健康的危害已达到触目惊心的程度，引起美国民众的共鸣，推动美国乃至世界而后的环境保护运动。笔者在2016年第9期《闽商》杂志上发表题为《但愿春天不再寂静》短文以纪念卡森及其《寂静的春天》（有改动）：

今年暑假，我频繁带着学生访谈我省闽西北的农民，了解他们对生态相容型农业技术的接受态度，获得的结论依然让我吃惊，其农作物产量的获得基本依赖大量施用化肥和农药,他们基本不知道或忽视大量施用化肥对土壤结构的破坏,大量喷洒农药对食品安全的威胁。

1962年,美国海洋生物学家蕾切尔·卡森女士出版了震惊世界的《寂静的春天》一书,该书历史上第一次揭露了以DDT为首的杀虫剂的使用对自然和人类自己造成严重的伤害。此前,人类却毫不怀疑地陶醉在DDT强烈的杀虫性对人类健康和农业产量的正面效应中。

《寂静的春天》如轰天一雷惊醒梦中人。

一天,卡森接到一封来自马萨诸塞州杜可斯波里一个名叫奥尔加·哈金丝的妇女关于DDT杀死鸟类的来信时,她萌生揭露DDT对人类和自然的危害的想法。通过科学的调查和精密的构思,1962年她终于完成了《寂静的春天》。但该书刚一出版,就遭到化工界甚至某些农学家的恶毒攻击。如当时有名的化学家史蒂文斯语气傲慢地说:“争论的关键主要在于卡森坚持自然的平衡是人类生存的主要力量。然而,当代化学家、生物学家和科学家坚信人类正稳稳地控制着大自然。”很多专家还谩骂卡森是“歇斯底里的老处女”(蕾切尔一生未婚)。1963年她被反对者告上法庭,其时,卡森已经身患乳腺癌,但她仍然在法庭上与“敌人”抗争到底,最终以无可辩驳的事实赢得审判。DDT也因此被美国法律禁止使用。

卡森的行动还在全球引发了一场真正的环境保护和环境科学的革命。甚至可以这样说,因为有了卡森的《寂静的春天》,才有了现在“环境保护”这个名词(美国前副总统阿尔·戈尔语)。是啊,没有《寂静的春天》,就不会出现《增长的极限》,也可能没有联合国1972年6月在瑞典斯德哥尔摩召开的人类环境大会和《人类环境宣言》,也许不会有1987年以布伦特兰夫人为主席的“世界环境与发展委员会”和《我们共同的未来》,没有了“可持续发展”概念的提出和广泛认可……

阿尔·戈尔在给《寂静的春天》再版作序时说,“无疑,《寂静的春天》的影响可以与《汤姆叔叔的小屋》媲美”,这个评价极高。至少,作为一位科学家和理想主义者，卡森的努力禁止了DDT，一些与她有着特殊关系的鸟类，如鹰和移居的猎鹰，不再处于绝迹的边缘。因为她的著作，人类，至少是数不清的人，保住了性命。

当《寂静的春天》第一次被引进到中国出版时，被形象地翻译为《春风无语》。“春风无语”，仅仅源于一个DDT的出现。因为人类小聪明似的发明，原来生机勃勃的春天“寂静”了，花鸟“无语”了，人类智慧之光暗淡了。难道活在当今的我们不该检讨一下技术主义倾向吗？

当下，生态文明战略已上升为我国的国家发展战略，但愿从此春天不再寂静！

• 1972年，罗马俱乐部委托以美国麻省理工学院教授米都斯为首的研究小组发表题为《增长的极限》的年度研究报告，该报告指出：全球存在人口爆炸（1650年世界大约有5亿人口，1970年人口总数为36亿，按照这样的人口增长，地球将不堪重负）、粮食短缺、资源衰竭、能源缺乏和环境污染等五大生态危机，引发对“发展”问题的反思，是继“生态学”之后，“可持续发展”“生态文明”等世纪词语诞生的序曲。

• 1987年，以挪威首相布伦特兰夫人为主席的世界环境与发展委员会出版了《我们的共同未来》一书，正式提出“可持续发展”这个世纪口号，并将其定义为“满足当代人的需求，又不损害子孙后代满足其需求能力的发展”。

• 2007年，党的十七大报告正式提到建设“生态文明”：“建设生态文明，基本形成节约能源资源和保护生态环境的产业结构、增长方式、消费模式。”但实际上，生态文明确实也是中国人提出的，1984年著名生态经济学家叶谦吉（1909—2017）在苏联的一次学术报告中就提出了“生态文明”。

这些都引发了更多的思考、决策和实践，也反过来促进生态学的研究尺度的拓展，并向各个自然学科和社会学科渗透，成为“自然科学和社会科学的桥梁”。实际上，我们著名的生态学家马世骏教授早在1980年就指出，面对复杂原因的生态危机，生态学必须拓展自己的研究尺度和范畴，生态学既是一门包括人类在内的自然学科,也是一门包括自然在内的人文科学,并于1984年提出“社会—经济—自然复合生态系统”的概念(马世骏、王如松,1984)。无独有偶,当代最著名的美国生态学家奥德姆在其1975年出版的《生态学:自然科学与社会科学的桥梁》一书中称生态学是一门独立于生物学甚至自然科学之外的,联结生命、环境和人类社会的有关可持续发展的系统科学(Odum,1975)。他说:“许多年来,我一直极力主张生态学已不再是生物学的一个分支领域,它源于生物学,但已发展为一门独立学科。该学科结合了有机体、自然环境和人类——与生态学一词的词根‘Oikos’的意义一致。”从此,生态学开始以全面整体观、系统观的思维解决与自然资源、环境相关的管理层面问题,产生了污染生态学、自然保护生态学、生态毒理学、生态系统恢复和重建学、生物多样性保护学等分支;生态学原理还应用于产业的经济发展,形成产业生态学、农业生态学等分支。同时还广泛地向经济、技术、政治、法律、社会、历史、美学、伦理、哲学,甚至宗教等众多领域渗透,促进了许多新兴学科如生态哲学、生态伦理学、人类生态学、生态经济学等的产生(孙彦泉、蒋洪华,2000)。

与此同时,生态学向经济学、政治学的渗透,为各后发国家经济的可持续发展战略提供服务,特别是作为全球人口、政治大国的中国,也迎来生态文明的国家战略。

诚如袁剑先生2012年为钱宏先生[①]新书《中国:共生崛起》做的序所言。袁剑的序言标题是“知经误者在诸子”,钱宏先生在此书第一章就号召一定改变现行的经济学思维形式,否则结果是灾难性的。

对工业文明的真正反思是以1962年《寂静的春天》出版为开端的,到1972年罗马俱乐部的《增长的极限》和联合国教科文组织的《只有一个地球》,再到1987年世界环境与发展委员会的《我们共同的未来》中定义了“可持续发展”的概念,再到1992年联合国召开的世界环境与发展大会,把可持续发

① 钱宏是“共生”思想的首倡者,2012年陆续出版两本著作阐述其“共生”思想,其中一本就是《中国:共生崛起》,由知识产权出版社出版。钱宏也是本书的学术顾问。

展思想由理论变成了各国人民的行动纲领和行动计划，制定了实现可持续发展的《21世纪议程》，人类社会开始寻求人类与地球的协调之路。

可见，实施生态文明战略，就必须变革当下的不可持续的生产方式，反思农业文明和工业文明形态，处理好人与自然的关系，特别是处理好生产行为与自然和社会的关系，处理好眼前利益与长远利益的关系，处理好当代人与后人的关系，从而实现人类、自然、社会三者之间的和谐发展（戴圣鹏，2013）。

生态文明的提出和实现离不开生态学，生态文明也只有在生态学获得一定发展的基础上才可能产生（戴圣鹏，2013；2017）。生态文明建设须从根本上摒弃工业文明所走的资本、技术和统计道路，致力于生态思维的培育、生态文化的复苏，遵循客观生态循环规律（顾成林，2013）（详见本书第四章“学科体系”）。

本章小结

本章追本溯源地叙述“文明”的概念和内涵，即文明的本源就是生态文明。而后梳理了文明自从诞生以来原始文明、农业文明、工业文明和生态文明的历史研究脉络和必然性，并点出生态文明离不开对生态学理念和知识的掌握，生态学既是人类文明回归生态文明的因缘，也是指导其建设的核心学科。

战略转变

如果我们对生态问题从根本上加以考虑，那么它不仅关系与技术和经济打交道的问题，而且动摇了鼓舞和推动现代社会发展的人生意义。

——汉斯·萨克塞[1]

本书第一章是从历史学角度叙述“生态文明”的诞生、体系形成和实践，可以看出生态文明是人类社会文明的历史演化的必然和幸运。本章将尝试从政治生态学角度道出“生态文明”在我国诞生和发展的政治、经济和治理的需要。

目前我国的生态环境问题已十分明显，而且这些问题和过去40年（1981—2020年）的经济高速发展政策是高度相关的。在过去的40年里，以经济为核心的发展付出了巨大的资源、环境和健康的代价，生态文明建设成为我们国家自2007年以来实施国家治理体系现代化的战略之一，特别是中共十八届三中全会更是把生态文明建设提高到国家发展核心战略的位置。按后现代主义思想家柯布[2]的话说，也只有中国的政党和政府能把生态文明建设放在如此战略高度，因为它不仅能及时反思自己30年经济发展之路，更是对300年资本全球化霸权主义之路对后发国家安全威胁的警惕，试图从根本上扭转资本模式导出的“奢侈生活当作美好生活”的“全民共识”（何慧丽和

① 萨克塞（1906—1992）是德国的生态哲学家，著有《生态哲学》一书，其中文版由东方出版社1991出版。

② 柯布（1925—），美国后现代主义思想家、生态经济学家。

小约翰·柯布,2014)。而实现生态文明战略目标的关键在于培养“生态型”人民,后者要求我国的教育意识形态从“物质价值观”到“生态价值观”的根本转变。

本章将从中国政治话语背景出发,全面梳理我国生态文明战略提出的全过程及其意义。

第一节　初心:科学发展观

实际上,在党的十八大提出“大力推进生态文明建设”之前,2003年,胡锦涛同志提出“科学发展观”,这在许多文献中都有逐步深入的阐述。但最能集中体现“科学发展观”的思想和战略的文献是2007年10月胡锦涛同志所做的题为“高举中国特色社会主义伟大旗帜　为夺取全面建设小康社会新胜利而奋斗”的党的十七大报告(胡锦涛,2007)。下面就引用该报告对“科学发展观”的重要论述:

- 在新的发展阶段继续全面建设小康社会,发展中国特色社会主义,必须坚持以邓小平理论和“三个代表”重要思想为指导,深入贯彻落实“科学发展观”。
- 科学发展观,是立足社会主义初级阶段基本国情,总结我国发展实践,借鉴国外发展经验,适应新的发展要求提出来的。
- 科学发展观,第一要义是发展,核心是以人为本,基本要求是全面协调可持续,根本方法是统筹兼顾。
- 深入贯彻落实科学发展观,要求我们继续深化改革开放。要把改革创新精神贯彻到治国理政各个环节……,要求我们切实加强和改进党的建设……,使党的工作和党的建设更加符合科学发展观的要求,为科学发展提供可靠的政治和组织保障。

● 坚持中国特色社会主义经济建设、政治建设、文化建设、社会建设的基本目标和基本政策构成的基本纲领，在十六大确立的全面建设小康社会目标的基础上对我国发展提出新的更高要求。

● 实现未来经济发展目标，关键要在加快转变经济发展方式、完善社会主义市场经济体制方面取得重大进展，……形成有利于科学发展的宏观调控体系。

（一）提高自主创新能力，建设创新型国家……，（二）加快转变经济发展方式，推动产业结构优化升级……，（三）统筹城乡发展，推进社会主义新农村建设。解决好农业、农村、农民问题，事关全面建设小康社会大局，必须始终作为全党工作的重中之重。

我国改革开放以来在经济领域和人民生活水平方面取得了巨大成绩，同时也付出了生态被破坏的巨大代价。这种代价与“粗放”现代化有关。具体表现在下列四个方面：

一是高投入。我国资本形成占GDP的比重在2003年高达42.7%，大大高于美国、德国等一般20%左右的水平。

二是高消耗。新中国成立50多年来，GDP增长了10多倍，可矿产资源消耗增长了40多倍。

三是高排放。高消耗必定带来高排放：二氧化硫、粉尘、废水、废石、废渣、废气的产生比例远高于发达国家。

四是低效率。2012年的报道称我国第二产业劳动生产率只有美国的1/30、日本的1/18、法国的1/16、德国的1/12和韩国的1/7。

1983—2013年，中国GDP的平均年增长率近10%，这是一个足以让人欢欣鼓舞的数字。但世界银行在考察了中国的污染状况之后得出结论：“对空气和水的污染所造成的全部损失的保守估计为年均540亿美元，或者约占国内生产总值的8%。”我国乡镇企业的迅速崛起，打下了“三分天下有其一”的江山,这也是中国经济改革的成就之一。然而,环境的污染也以惊人的规模在中国乡村蔓延开来。一些乡镇企业成为广大农村最大的污染源,农村环境污染由点到面向全国蔓延,净水资源污染危害加剧。随着食物链的生物放大作用(见知识盒子2–1),食品安全问题也日益突出。

食品安全问题主要源于生产食品的土壤被严重污染,没有健康的土壤是生产不出安全的食品的。

目前中国土壤污染远比水、大气污染严重,全国大约十分之一的耕地土壤受到污染,而且污染程度正不断加剧,而且更难治理。根据2013年的有关报道,我国每年大约有1200万吨的粮食受到土壤重金属污染的影响,直接经济损失达到200亿元。土壤污染直接对食品安全和人体健康构成威胁,引起了政府高度关注。

知识盒子2–1:生物学放大作用

生物学放大作用:指进入环境中的化学元素(包括有毒性的化学元素)随着生物之间的食物链延伸,其浓度不断放大的过程。这种放大作用不是我们平常认为的线性增长,而是呈指数增加。例如:日本早先发生的水俣病,是由河流上游工厂排放出的砷造成的,最初被污染的水中的砷浓度只有0.000003×10^{-6},到浮游植物体内的砷就达到0.04×10^{-6},扩大了1.3万倍;在小鱼体内砷达到0.5×10^{-6},是原始水砷浓度的16.7万倍;到了大鱼体内的砷则达到2.0×10^{-6},是原始水的砷浓度的66.7万倍;老鹰取食了被污染的大鱼,其体内砷的浓度达到25.0×10^{-6},是原始水的砷的浓度的833.3万倍;如果人取食大鱼,体内的砷浓度应该是原始水砷浓度的1000万倍。最终必然对位于食物链顶端的自然界动物和人类的健康和生命形成极大的威胁(图2–1)。

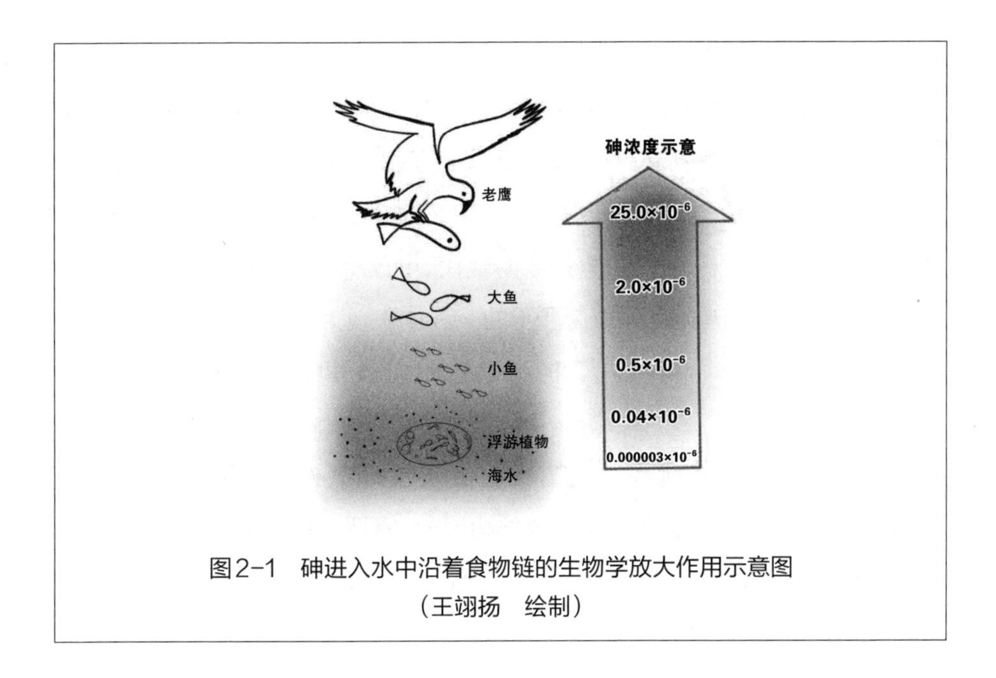

图2-1　砷进入水中沿着食物链的生物学放大作用示意图
（王翊扬　绘制）

党的第十七大报告接着对深入贯彻落实科学发展观提出了明确要求(胡锦涛,2007):

必须坚持以人为本。全心全意为人民服务是党的根本宗旨,党的一切奋斗和工作都是为了造福人民。要始终把实现好、维护好、发展好最广大人民的根本利益作为党和国家一切工作的出发点和落脚点,尊重人民主体地位,发挥人民首创精神,保障人民各项权益,走共同富裕道路,促进人的全面发展,做到发展为了人民、发展依靠人民、发展成果由人民共享。

必须坚持全面协调可持续发展。要按照中国特色社会主义事业总体布局,全面推进经济建设、政治建设、文化建设、社会建设,促进现代化建设各个环节、各个方面相协调,促进生产关系与生产力、上层建筑与经济基础相协调。坚持生产发展、生活富裕、生态良好的文明发展道路,建设资源节约型、环境友好型社会,实现速度和结构质量效益相统一、经济发展与人口资源环境相协调,使人民在良好生态环境中生产生活,实现经济社会永续发展。

党的十七大报告用“转变经济发展方式”代替过去的“转变经济增长方式”,虽然只改了一个词,但其内涵却发生了重大变化。经济发展不等于经济增长。实现未来经济发展目标、促进国民经济又好又快发展,关键是要在加快转变经济发展方式上取得重大进展。在农业领域,由于人口压力,在追求产量和“效益”旗帜下,仿效西方国家的现代“化石”农业,在解决温饱的同时,对农业生态系统的破坏也是极为严重的。具体表现为:

一是能源危机。以石油等为能源的化肥、农药、机械的大量投入,加剧了能源的危机。

二是农业生态系统破坏。随着机械化、专业化生产的发展,农、林、牧、生物种群趋向单一化,其农业生态系统结构脆弱,容易为自然灾害所破坏。

三是土壤衰竭。化肥的大量施用影响了土壤有机质的补充和土壤结构维持,从而使土壤肥力下降。

四是环境污染。化肥、农药及化学制品的过度使用,造成环境污染和食品安全问题。

因此,我们现在需要重新认识我国过去的发展成就,需要勇敢地去面对现实,只有如此才能为未来的可持续发展描画出全景图像。在危机面前,我们国家不失时机地把“科学发展观”作为我国的发展战略,体现出其把握历史时机、顺应世界潮流的能力和魄力。

第二节　战略:大力推进生态文明建设

2012年11月8日至14日,中国共产党第十八次全国代表大会召开,本次大会提出“全面落实经济建设、政治建设、文化建设、社会建设、生态文明建设五位一体总体布局”。胡锦涛同志做十八大报告,报告正式提出推进生态文明建设,并把生态文明建设的内涵和内容加以明确(胡锦涛,2012):

八、大力推进生态文明建设

建设生态文明，是关系人民福祉、关乎民族未来的长远大计。面对资源约束趋紧、环境污染严重、生态系统退化的严峻形势，必须树立尊重自然、顺应自然、保护自然的生态文明理念，把生态文明建设放在突出地位，融入经济建设、政治建设、文化建设、社会建设各方面和全过程，努力建设美丽中国，实现中华民族永续发展。

坚持节约资源和保护环境的基本国策，坚持节约优先、保护优先、自然恢复为主的方针，着力推进绿色发展、循环发展、低碳发展，形成节约资源和保护环境的空间格局、产业结构、生产方式、生活方式，从源头上扭转生态环境恶化趋势，为人民创造良好生产生活环境，为全球生态安全作出贡献。

（一）要优化国土空间开发格局。……要按照人口资源环境相均衡、经济社会生态效益相统一的原则，控制开发强度，调整空间结构，促进生产空间集约高效、生活空间宜居适度、生态空间山清水秀，给自然留下更多修复空间，给农业留下更多良田，给子孙后代留下天蓝、地绿、水净的美好家园。加快实施主体功能区战略，推动各地区严格按照主体功能定位发展，构建科学合理的城市化格局、农业发展格局、生态安全格局。提高海洋资源开发能力……坚决维护国家海洋权益，建设海洋强国。

（二）全面促进资源节约。……要节约集约利用资源，推动资源利用方式根本转变，加强全过程节约管理，大幅降低能源、水、土地消耗强度，提高利用效率和效益。推动能源生产和消费革命……支持节能低碳产业和新能源、可再生能源发展，确保国家能源安全。加强水源地保护和用水总量管理，推进水循环利用，建设节水型社会。严守耕地保护红线，严格土地用途管制。加强矿产资源勘查、保护、合理开发。发展循环经济，促进生产、流通、消费过程的减量化、再利用、资源化。

（三）加大自然生态系统和环境保护力度。……要实施重大生态修复工程，增强生态产品生产能力，推进荒漠化、石漠化、水土流失综合治理……，加强防灾减灾体系建设……，坚持预防为主、综合治理，以解决损害群众健康突出环境问题为重点,强化水、大气、土壤等污染防治。坚持共同但有区别的责任原则、公平原则、各自能力原则,同国际社会一道积极应对全球气候变化。

(四)加强生态文明制度建设。……要把资源消耗、环境损害、生态效益纳入经济社会发展评价体系,建立体现生态文明要求的目标体系、考核办法、奖惩机制。建立国土空间开发保护制度,完善最严格的耕地保护制度、水资源管理制度、环境保护制度。深化资源性产品价格和税费改革,建立反映市场供求和资源稀缺程度、体现生态价值和代际补偿的资源有偿使用制度和生态补偿制度……,加强环境监管,健全生态环境保护责任追究制度和环境损害赔偿制度。加强生态文明宣传教育,增强全民节约意识、环保意识、生态意识,形成合理消费的社会风尚,营造爱护生态环境的良好风气。

我们一定要更加自觉地珍爱自然,更加积极地保护生态,努力走向社会主义生态文明新时代。

显然,推进生态文明建设,建设生态文明制度和生态文明教育体系尤其重要,以下是在中共中央提出生态文明建设后的第一年——2013年设立的"生态文明建设先行示范区"的福建省,在先期生态文明制度建设方面的成就,其生态文明教育先行方面的成就将在本书第六章"教育先行"中加以解读。

案例1:福建生态文明先行示范区的制度建设

福建省地处我国东南沿海,与宝岛台湾一海相隔,素有"八山一水一分田"之称。福建省长期坚持植树造林,保持很高的山地植被覆盖率,连续多年居全国第一,2015年福建省森林覆盖率达到65.95%,用约占全国1.28%的国土面积,保护了占全国4.4 %的森林面积。福建省是习近平同志"绿水青山就是金山银山"理念的孕育地,由"绿水青山"构成的"自然资本"(见知识盒子2-2)已经成为福建省最具优势的资本。

2001年,时任福建省省长的习近平提出了建设生态省的战略构想,为该省生态文明建设提供很好的基础和场所,因此2013年福建被中央定为首个生态文明先行示范区,进行生态文明建设的各方面"先行"探索。至2016年,福建省在生态文明制度"先行"方面形成了可供全国其他区域借鉴的做法。根据笔者的观察,福建生态文明先行示范区的制度建设中有三个方面至为关键。

一是改革干部考核机制。成立以省委书记为组长的生态文明建设领导小组,将生态文明建设指标落实到领导干部考核机制中,引导各级党委、政府牢固树立"绿色导向"的政绩观,形成行动力,集中表现为建立"绿色导向"的干部政绩考核机制,将生态文明建设列入各级政府职员的绩效考核中。2014年,福建省取消了34个县(市)的GDP考核,在全国率先开展林业"双增"目标年度考核,启动自然资源资产责任审计试点。

知识盒子2-2:自然资本

自然资本:因为近些年学术界对生态系统为人类提供福利的探索,而兴起对新自由主义经济学创造的以金钱为单一载体的"金融资本"的批判(见图2-2的例子说明),认为新自由主义经济学的最大弊病是对自然资源的价值缺乏认可、评价,并把它纳入经济学的生产成本与收益平衡的统计中。生态学家认为,人类社会的一切福利都来自自然。为了更好地体现和实现这个想法,生态学家们提出自然资源也是资本的概念,称为"自然资本",与此同时也创造性地提出人力资本(包含技巧、知识、健康、能力)、物理资本(包含基础设施、通信、灌溉)和社会资本(包含小组成员资格、社交网络、接触科技院所推广站的广度等),以与流行的"金融资本"相比较。例如,在金融资本一家之言下,从事农业的一切都为了获利,公司主导,化学化、工厂化农业盛行,食品安全问题必然产生。生态系统服务概念的提出为上述资本之间联系提供了桥梁和量化工具。

图2-2　广州郊区山地速生桉树群
(王松良摄于2015年12月19日)

图2-2反映了金融资本下乡对生态环境的侵蚀和农业食品的危害。广州郊区山地广种资本投资收效极快的速生桉树,它是一个耗尽土壤肥力、释放有毒的次生代谢物,造成土壤、地下水和饮用水源污染的树种。

二是构建生态保护成本的转移支付制度。建立生态保护财政转移支付制度,将限制开发区域补助资金分为生态保护资金和生态保护激励资金两部分,鼓励采取措施改善生态环境。

三是率先出台重点流域生态补偿办法。建立与地方财力、保护责任、收益程度等挂钩的生态长效补偿机制;深化集体林权制度改革,提高公益林补偿标准,逐步完善森林生态补偿机制,成为全国林业改革的一面旗帜。

在党的十九大后,中央进一步把福建省列为全国三个"生态文明建设试验区"之一。而其在建设生态文明先行示范区期间的制度建设为今后的生态文明试验区建设提供了坚实的制度基础。

案例小结

制度建设是生态文明建设的先行者,福建省在多年建设生态省的实践基础上,充分认识到了制度建设的重要价值,在全国第一个生态文明先行示范区建设中，先行出台或建立包括改革干部考核机制、生态保护成本的转移支付制度和重点流域生态补偿办法等制度，从政治保障和经济杠杆两个关键方面做到真正的“先行”和起到“示范”效果。

第三节　行动：全面实施生态文明建设

2017年10月18日至10月24日召开党的十九大，习近平总书记在题为《决胜全面建成小康社会　夺取新时代中国特色社会主义伟大胜利》的报告中提出“贯彻新发展理念，建设现代化经济体系”，为此，至为关键的是“加快生态文明体制改革，建设美丽中国”，把生态文明建设的内涵向外扩展（习近平，2017）：

生态文明建设成效显著。大力度推进生态文明建设，全党全国贯彻绿色发展理念的自觉性和主动性显著增强，忽视生态环境保护的状况明显改变。生态文明制度体系加快形成，主体功能区制度逐步健全，国家公园体制试点积极推进。全面节约资源有效推进，能源资源消耗强度大幅下降。重大生态保护和修复工程进展顺利，森林覆盖率持续提高。生态环境治理明显加强，环境状况得到改善。引导应对气候变化国际合作，成为全球生态文明建设的重要参与者、贡献者、引领者。

不仅如此，党的十九大报告还从“乡村振兴战略”“人与自然和谐共生”和“人类命运共同体”三个方面考虑生态文明建设的广度与深度（图2-3）。

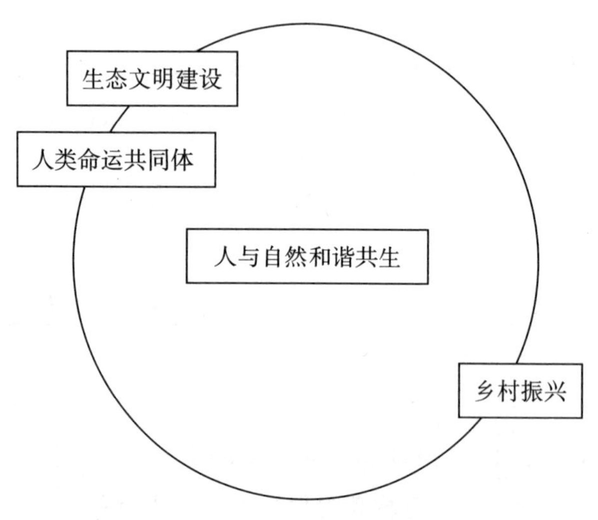

图2-3　生态文明建设的广度与深度

图2-3是党的十九大报告从三个方面考虑生态文明建设的广度与深度示意图。说明对内从城市建设延伸到乡村振兴,对外传播和努力实践“人类命运共同体”,用建设“人与自然和谐共生”链接内外“生态文明建设”,因为人类只有一个地球。这样形成完整的基于“生态文明”的全球治理新思路。

兹将上图的三个方面及其关系叙述如下:

• 乡村振兴战略

习近平总书记在党的十九大报告中提出“实施乡村振兴战略”,并将其列为决胜全面建成小康社会需要坚定实施的七大战略之一。“乡村振兴战略”自然成为2018年中央一号文件和中央农村工作会议的主题。此前,国家自2004年至2017年已经连续14年发布以“三农”为主题的“中央一号文件”,也把“三农”列为每年“重中之重”的工作。

乡村发展是21世纪全球化经济图景中不可或缺的部分。我国是一个以农业为主体的发展中国家,至今农村人口占总人口的比重仍相对较大。因而我国农业农村现代化是整个国民经济建设现代化的基础。然而,由于长期的城乡“二元”机制,目前我国的“三农”问题依然严峻。李昌平之“农民真苦,农村真穷，农业真危险”仅仅是“三农”问题的外在表现。笔者在2012年的《中国“三农”问题新动态与乡村发展模式的选择——以福建乡村调研和乡村建设的实证研究为例》文章中是这样分析新时期的“三农”问题的（王松良，2012）：

本质上，“三农”问题是农村经济、环境和社会交织的难题：

一是农村经济难题。长期的城乡“二元”经济政策导致传统的农业经济规律在农村地区失效。例如，传统的农业经济学中，土地（耕地）与资本、劳力和技术一样仅是农业经济形成的因素之一。但在我国农村，一方面，农民对土地（耕地）没有占有权、支配权、处置权、交易权，而仅仅是契约上的使用权，所以，耕地不单纯是传统经济学的农业生产因素；另一方面，由于长期的“离土不离乡”政策，进城为工业化作贡献的农民并不能在城市立足，土地（耕地）更是他们退守农村的生命线。

二是农村环境难题。人多与地少的严峻冲突进一步巩固了人们自然与社会“二元”的观念，即以牺牲自然环境与资源为代价，求得近期发展，满足所谓社会目标。农业上对耕地的不合理使用，为了短期的产量目标大量投入化肥和农药，造成耕地衰退、食物污染。更有甚者，城市高污染工业逐步向农村转移，农业可持续发展赖以存在的、农村居民赖以生存的农业生态系统已遭到一定程度的破坏。

三是农村社会难题。巨大的人口负担和上述双重的“二元”社会从经济和生态两方面引发农村在食品、经济、环境和教育等交织的困境。因为经济收入上与城市居民的差距，农村居民“享受”的食品和日常用品与城里有差距，更别提能获得与城市同级别的环境保护和教育资源。

由此可见，我国“三农”难题的症结不在农业或农村本身，而在于长期的“城乡隔离（城乡户籍登记制度）”，“离土不离乡”以及“剪刀差（农产品便宜，生产资料贵)”等诸多政策,前者造成城市化远远滞后于工业化,大量本该为城市做贡献的、有能力在城市落户的“农民工”不得不退回农村。我国第一产业的比例已经大大下降,但农村人口比例依然相对较高。而剪刀差则直接使每年上千亿的资金直接从农业流向工业,从乡村流向城市,形成长期的事实上“以农补工”和“以乡补城”,农民获得微小的食物生产利润,大量的产后加工、包装和营销的增值利润则被来自城市的工业、商业和副业经营者瓜分。农业的弱势就是这样形成的。党的十九大报告指出,当前我国社会的主要矛盾已经转化为人民日益增长的美好生活需要和不平衡不充分的发展之间的矛盾,其中所谓的“不平衡不充分的发展”突出体现在农村而不是城市。

以上分析可清晰得出解决“三农”问题的出路:

第一,要走农村城市(镇)化之路,尽快减少农民数量。不管人们同意不同意,农村人口向城市(城镇)转移即城市(镇)化,是不可阻挡的趋势,现正进入快速阶段。吸取以前的教训,在快速的城市化进程中,应把监管提到很高的高度,因为监管得好,让城市自动“拥抱”进城农民,城市化肯定能成为我国化解“三农”难题的根本途径;监管不好,也可能会出现部分发展中国家如印度、墨西哥城市化的恶果。

第二,从歧视“三农”彻底扭转到以政策保护农业。正如加拿大农学家考德威尔博士所言,农业是“把太阳光转化为人们健康、幸福生活的科学、实践、政治学和社会学”。农业是这个星球上有生命的产业,事关人类的健康、幸福和可持续发展,不能走与其他无生命的产业的货币化、市场化之路。即农业不仅仅是“经济学”,更应该是“政治学”,用政策加以保护。

第三,以建立健全的农村(民)专业合作组织促进农业融合成为真正的产业,使农民能分享整个产业链的利润。《中华人民共和国农民专业合作社法》(以下简称《农民专业合作社法》)已经颁布多年了,政府和各级非政府组织应该极力帮助农民建立健全的农村(民)专业合作组织,真正实现农业产业的“种养加”结合、“农工商”一体化,真正做到社员平等参与(决策、经营),利益均沾。像福建省连城县培田村这样以古民居为优势资源的村庄，同样可以以古民居产权为纽带，建立统一决策和共同经营的特殊合作社，保证有序经营和有效保护的统一，开辟乡村旅游的新路径。

所有这些出路都要求创新乡村社会管理，都呼唤社会全员的参与，也是乡村振兴战略的应有之义。其中，“产业兴旺”依然是核心问题。

• 坚持人与自然和谐共生

我们过去发展经济对生态环境造成较严重的破坏，如今，我们需要转变发展方式，建设生态文明。对此，党的十九大报告这样描述（习近平，2017）：

> 坚持人与自然和谐共生。建设生态文明是中华民族永续发展的千年大计。必须树立和践行绿水青山就是金山银山的理念，坚持节约资源和保护环境的基本国策，像对待生命一样对待生态环境，统筹山水林田湖草系统治理，实行最严格的生态环境保护制度，形成绿色发展方式和生活方式，坚定走生产发展、生活富裕、生态良好的文明发展道路，建设美丽中国，为人民创造良好生产生活环境，为全球生态安全作出贡献。

同时，“坚持人与自然和谐共生”是从“我们只有一个地球”的观念和现实出发，为了“我们共同的未来”对世界重新调整经济格局，期许全人类以“生态文明”建设为手段，走向真正的可持续发展。生态文明与人类未来的安全息息相关。在资本主义的初级阶段产生的“工业文明”已使人类文明处于危险的境地，不但掠夺资源，破坏环境，而且转嫁成本，而当下的资本主义的所谓金融创新，更是让发达国家转嫁危机，造成南北贫富差距的两极对峙。生态文明也可以说是发展中国家的觉醒，建设文化多样化的人类文明与自然生态在本源上就具有包容性的和谐共生社会。

2011年由中国人民大学温铁军教授发起的“南南可持续发展论坛”，申明“南方国家关于生态文明‘3个SS’的基本主张”：只有维护资源环境主权（sources sovereignty）、加强南半球国家的社会合作（social solidarity），才能逐渐促使世界回归以最基本的“可持续人类安全(sustainable security)”。发展中国家团结一致,南半球国家联合起来,以“3个SS”为基本原则,构建不同于金融资本帝国主义的“另一个世界”——人类与自然和谐共存的、更多包容性的、以多样化为内涵的生态文明。

• 坚持推动构建人类命运共同体

对此,党的十九大报告这样描述(习近平,2017):

> 坚持推动构建人类命运共同体。中国人民的梦想同各国人民的梦想息息相通,实现中国梦离不开和平的国际环境和稳定的国际秩序。必须统筹国内国际两个大局,始终不渝走和平发展道路、奉行互利共赢的开放战略,坚持正确义利观,树立共同、综合、合作、可持续的新安全观,谋求开放创新、包容互惠的发展前景,促进和而不同、兼收并蓄的文明交流,构筑尊崇自然、绿色发展的生态体系,始终做世界和平的建设者、全球发展的贡献者、国际秩序的维护者。

当下,资本主义国家经济危机层出不穷,政治和宗教意识形态冲突不断加剧。唯有生态文明可能成为世界各国人民的共同意识和诉求。以生态文明建设为手段,建立人类命运共同体不仅是紧迫的,也是可能和可行的。“一带一路”倡议,正是人类命运共同体建设的先锋和桥梁,比如关于20世纪90年代初对福建宁德实际情况调查研究、解决贫困问题的《摆脱贫困》一书的西文版在阿根廷发行,有助于在生态文明全景背景下构建“人类命运共同体”理念在海外的理解和传播,服务于全球后现代“生态文明”的“共生”理念,促进合作共赢、共同可持续发展。

案例2:福建省国家级生态文明试验区建设

福建省是中国东南沿海省份。2016年6月,中央全面深化改革领导小组第二十五次会议审议通过《国家生态文明试验区(福建)实施方案》,同年8月以中共中央办公厅、国务院办公厅名义下发该实施方案，标志着福建成为全国首个国家生态文明试验区，为国家生态文明社会建设探路。

综合生态省、生态文明先行示范区和生态文明试验区的建设，福建实施生态文明建设的做法给全国作出示范：2017年，福建省成为水、大气、生态环境全优的省份，其森林覆盖率达到65.95%，主要河流水质保持全优，四项主要污染物排放强度仅为全国的一半；2016年，所有设区市空气质量达标天数比例超过98%。同时，福建地方的生态文明建设也涌现出许多可资借鉴的例子。

（一）福建：省级生态文明试验区建设初见成效

自2016年6月福建省被确立为全国首个国家生态文明试验区以来，福建以全新的发展理念为引领，在生态文明建设体制机制创新上下功夫，积极探索绿水青山与金山银山有机统一的发展路径。相关数据显示，迄今，福建省已落实《国家生态文明试验区（福建）实施方案》中38项重点改革任务的37项，其中，党政领导生态环保目标责任制、重点生态区位商品林赎买、生态司法保护机制、武夷山国家公园体制创新、林业金融创新、全流域生态补偿、领导干部自然资源资产离任审计、河长制、厦门生活垃圾分类等一批领先全国的改革经验和制度成果，得到中央改革办、国家发展改革委等有关部门充分肯定，并拟向全国推广。具体成果概括如下：

（1）优化绿色空间布局。围绕构建人与自然和谐共处的国土空间格局，完善管制制度，提升治理能力和效率，将生态保护和绿色发展落实到具体国土空间布局上。具体包括：一是优化国土空间布局。以省级空间规划试点等4项改革任务为抓手，构建形成沿海加快产业集聚、山区重点保护生态的省域国土空间开发保护总体格局，沿海地区占全省经济总量和人口总量比重均有提高，空间利用效率显著提升。二是建立空间管控体系。统筹推进永久基本农田、生态保护红线和城市开发边界三条控制线划定工作，深入推进自然资源资产统一确权登记制度的建立和落实,出台全国首个省级自然资源统一确权登记办法,探索形成一套符合实际的确权登记制度。

(2)突出绿色惠民举措。探索合理的生态补偿制度和生态产品价值评估,让参与保护、合理使用资源的基层和群众分享自然资本收益。具体包括:一是建立森林生态效益补偿机制。在全国率先开展重点生态区位商品林赎买等改革试点,近三年(截至2019年9月报道)累计安排省级以上生态公益林补偿资金28.5亿元。对划入重点生态区位的商品林实施赎买改革,完成赎买23.6万亩,实现"社会得绿、林农得利"。二是建立人居环境治理机制。以专业化、市场化为导向,实施农村污水垃圾整治提升工程,培育发展农村污水垃圾处理市场主体,全省所有乡镇建成生活垃圾转运系统,75%的乡镇建成污水处理设施,80%的行政村建立常态化生活垃圾治理机制。三是建立多元化的生态保护补偿机制。完善重点流域生态补偿机制,在全省12条主要流域建立责任共担、长效运行的补偿资金筹集机制和奖惩分明、规范运作的补偿资金分配机制。建立了重点生态功能区财力支持机制,对限制和禁止开发区域县(市、区)加大转移支付力度。

(3)增强绿色发展动能。通过调整产业结构、布局,推动"生态产业化""产业生态化",构建低碳化的产业链,探索"绿水青山"与"金山银山"转换路径。具体包括:一是探索生态产品价值实现的制度支撑。建立试点,探索建立生态系统价值核算指标体系,深入推动自然资源产权制度改革,创新自然资源全民所有权和集体所有权的实现形式。二是提升产业生态化水平。智能化改造服装、食品、机械等传统优势产业,严格在能效、物耗等方面监管电力、钢铁、水泥、造纸等高耗能高污染行业,服务业对经济增长贡献率超过第二产业,新旧动能加快转换。

(4)提升绿色管控能力。加快构建监管统一、多方参与的环境治理体系。一是完善流域综合治理制度。全面推行河长制,建立省市县乡四级河长体系和村级河道专管员制度,形成"有专人负责、有监测设施、有考核办法、有长效机制”的河流管护新模式。二是完善环保监管体制。推进省级以下环保机构监测监察执法垂直管理制度改革，推行环境监管网格化管理，建成市县镇村四级网格体系，任命网格管理员，将环保监管执法延伸到最基层。三是完善生态司法保护机制。在全国率先实现省市县三级生态司法机构全覆盖，建立生态环境资源保护行政执法与刑事司法“两法”衔接工作机制，推进修复性生态司法，高效惩处破坏生态环境资源的违法行为。

(5)发挥绿色金融作用。强化金融资本对自然资本配置的引导优化作用，加快构建资源节约和环境友好型市场化激励约束机制。一是创新绿色金融机制。率先开展绿色信贷业绩评价，推行环境污染责任保险制度，林业金融率先推出“福林贷”、中长期林权抵押按揭贷款、林业收储贷款等创新产品。二是建立环境权益交易体系。建立政府储备机制和重点排污行业调控机制，全面推行排污权交易，率先运行福建碳排放权交易市场，并将林业碳汇纳入市场交易，有效促进环境资源配置效率的提高和企业节能减排。三是完善市场主体培育机制。大力推行污染第三方治理、合同环境服务、区域综合服务等市场化治理模式，吸引各类专业投资主体参与生态环保项目投资、建设和运营。

(6)强化绿色发展导向。有机结合正向激励和刚性约束手段，探索建立基于生态文明建设要求的绩效考核和责任追究机制。具体包括：一是建立绿色目标考核评价体系。取消包括扶贫开发工作重点县、重点生态功能区在内的34个县(市)的GDP考核指标，出台生态文明建设目标评价考核办法。二是建立生态文明领导干部责任体系。推行“党政同责、一岗双责”制度，形成了涵盖8个方面、49项指标的党政领导生态环保责任制考核体系，明确52个部门130项生态环境保护工作职责，建立领导干部自然资源资产离任审计制度，开展自然资源资产负债表编制试点，制定党政领导干部生态环境损害责任追究实施细则，对生态环保工作履职不到位、问题整改不力的严肃追责，实现了由“末端治理”向“全程管控”转变。

总之,福建省通过国家级生态文明试验区的建设,夯实了制度基础,释放了改革红利,促进了产业升级、民生改善和发展转型,形成生态环境"高颜值"和经济发展"高素质"协同并进的良好发展态势。

(二)宁德:"摆脱贫困"和"精准扶贫"的生态学途径[①]

生态危机与贫困问题存在互为因果的关系,消除或摆脱贫困也是生态文明建设的目标之一。实际上,我国多年在经济发展、减除贫困人口上取得了巨大成就,获得了联合国和世界各国领导人的赞誉。但是经济发展也带来严重的生态环境和资源破坏问题,这也是不争的事实,使部分资源禀赋不足和生态系统本来就脆弱的乡村的环境更加脆弱。

21世纪前20年,位于福建东部的宁德市就是贫困地区,是贫困人口十分集中的山区地级市,被称为中国东部沿海的黄金断裂带。据统计,1985年宁德地区农民人均纯收入仅330元,其中农村贫困人口达77.5万,约占当时农村人口的1/3,9个县中有6个被认定为国家级贫困县,120个乡镇中有52个被列为省级贫困乡镇。

时代演进也给宁德带来脱贫致富的良好机遇,习近平总书记曾于1988年至1990年担任中共宁德地委书记,他到任3个月就走遍了全市的9个县,此后在任期内,他坚持"密切深入群众、联系群众"的行政工作作风,跑遍了宁德市绝大部分乡镇、乡村,了解最多的就是宁德乡村的贫困现象,思考最多的也是如何"摆脱贫困"。在1992年7月,一本基于他对宁德地区农村贫困状况调研结果的整理、分析和思考的《摆脱贫困》一书出版了。

《摆脱贫困》提出的解决贫困的思路是基于习近平对宁德乡村社会和自然规律的许多直观感受和深刻认识,孕育了后来提出的生态文明思想,从《摆脱贫困》中提出基于宁德实情的"因地制宜""摆脱贫困",到后来充分应用现代信息技术的"精准扶贫""摆脱贫困",再到具备世界生态学视野的"绿水青

① 本案例撰写参考了高建进、刘成志刊载在2018年10月17日《光明日报》(01版)上《摆脱贫困的"宁德模式"》一文。

山”“摆脱贫困”(即“绿水青山就是金山银山”思想),反映出习近平的朴素的自然观和深厚的人文观。从《摆脱贫困》出版到“习近平生态文明思想”提出的30年间,宁德的贫困减除事业也取得很好的成绩,据不完全统计,30多年来,全市累计实现脱贫74万多人,尤其是近5年多来,全市共脱贫18.95万人,年均脱贫3万人以上。2017年贫困发生率下降到0.028%,农村居民人均可支配收入14722元,闽东贫困面貌得到根本性改善。

当然,贫困首先是农民的收入低,发展当地经济是摆脱贫困的根本途径,但是面对贫苦与生态问题互为因果的全球现实,发展什么样的经济则值得思考和讨论。《摆脱贫困》指出,核心和关键就是要尊重生态规律,发展生态经济。其中两个出发点值得重视:一是尊重每个农村的自然禀赋,即“因地制宜”,再也不能走以前的破坏环境、浪费有限资源的发展之路;二是尊重当地的社情民意,即要有“针对性”地“精准扶贫”。总结起来,“摆脱贫困”的“宁德模式”是基于“生态文明”建设背景进行的,走出了一条值得全国各地乃至发展中国家借鉴的生态学之路:

(1)通过努力建设生态文明,提供有利于当地经济发展和贫困解决的良好生态环境。对于山地资源丰富的宁德而言,协同森林资源的保护和开发利用是农村“摆脱贫困”的不二法门,正如《摆脱贫困》一书中提出的:“发展林业是闽东脱贫致富的主要途径。”为此,宁德市的做法包括:一是完善林业责任制。强化责任制让农民植树造林有了动力,克服群众怕政策常变的心理问题,保证农民从事林业的积极性。二是健全林业经营机制。创新林权机制,使发展林业有章可循,有效杜绝了乱砍滥伐,在一定程度上促进林地的综合开发,林下种植发展立体农业,即符合生态学的生态位原理,有效促进林业的经济、生态、社会三大效益的统一。以上两个制度的改革,使宁德市的林业成为“摆脱贫困”的排头兵,成为协同生态建设和经济建设的着力点。比如,周宁县后洋村村民黄振芳创建了一个家庭林场,整合山地资源,通过种植茶叶、毛竹等经济作物,增加了收入,成为脱贫致富的典型。其他村民也纷纷以黄振芳的家庭林场为模板,探索林下养殖、林下种植、林下观光相结合的综合经营,有效整合自然和社会资源,有效推进该村生态(林)农业的发展。2017年,该村村民人均纯收入超过13000元,25名建档立卡的贫困户顺利脱贫。

(2)通过组织当地丰富的劳动力资源,发展生态相容型劳动力密集产业,通过勤劳脱贫和致富。改革开放后闽东农村就剩余了大量的劳动力,因为当地产业颓废,大量的农村劳动力只能输出,导致农村的空心、农业的空壳和农民的贫困。习近平在《摆脱贫困》中明确指出:"我们应及时疏导,把富余劳动力引向山海开发,进行农副产品深度加工,大力发展外向型经济,抓住这一机遇,推动农村经济上新的台阶。"丰富的劳动力与山地开发有什么关系?那就是"咬定青山不放松",充分发挥山海资源优势,山海互动,发展特色农业和养殖业,以劳动密集型和环境友好型产业发展,实现"摆脱贫困"的大目标。在农业特色产业发展方面,宁德推动小农户生产融入现代农业发展,突出抓好生产规模化、经营组织化、产品品牌化。目前拥有市级以上农业产业化龙头企业443家、农民合作社示范社364家、家庭农场示范场123家,带动农户近65万户。同时,全市"三品一标"农产品总数达284个,生产面积76.6万亩,占耕地面积的36.8%,有效提高了农产品附加值和农业综合效益,切实带动了农民增收,实现脱贫。

(3)深入了解社情民意,做到精准扶贫。习近平的精准扶贫思路的引子是基于对宁德乡村的深入调研、对社情民意的理解,特别是基于对宁德福鼎市的一个畲族聚居村——磻溪镇赤溪村下山溪自然村的调查。如今,被称为"中国扶贫第一村"的赤溪村,山水环绕、空气清新、风景如画。村民用好用足绿色生态产业、畲族生态文化等自然和社会资源,推动乡村生态旅游和生态农业的融合发展。2017年,赤溪村年人均可支配收入16641元,贫困户全部实现脱贫。

（三）长汀：治理水土流失，开启生态文明建设新篇章①

长汀是福建西部（闽西龙岩地区）的山区小城，是著名的闽西革命老区县，新中国成立前由于自然和政治原因，极为贫困，农民砍树为生，割草煮饭，造成极为严重的水土流失，是我国南方红壤区水土流失最为严重的区域之一。长汀县的河田镇，原名柳村乡，因水土大量流失，山崩河溃，河与田连成一片，形成“柳村不见柳，河比田更高”的景象，后人遂改称它为河田。因河田属于典型红壤区，四周山岭尽为赤红色，像一簇簇燃烧着的火焰，故而又得名“火焰山”。这里夏天地表温度高达76℃，可以烤熟鸡蛋，灼枯植物，可谓“山无寸林，地无寸草”。新中国成立后乃至改革开放的初期，历经“大炼钢”和“承包林”的两次森林砍伐高潮，更加剧了其水土流失的程度。当时，长汀县的水土流失面积达146.2万亩，占全县面积的31.5%，不少地方依然“山光、水浊、田瘦、人穷”。

1983年4月，时任福建省委书记项南考察长汀，号召大家做好水土保持工作，并撰写《水土保持三字经》。同年，福建省委省政府把长汀列为治理水土流失的试点。此后，历任福建省委和省政府主要领导都亲临长汀，对水土保持工作作出具体指导。从1985年至1999年，长汀县共治理水土流失面积45万亩，减少水土流失面积35.55万亩，有效减轻了洪涝灾害。

1999年11月27日，时任福建省委副书记、代省长的习近平在龙岩考察棉花滩电站、梅坎铁路、漳龙高速公路等省重点项目过程中，专程到长汀调研水土流失治理工作。习近平说：“长汀水土流失治理工作在项南老书记的关怀下，取得了很大成绩。但革命尚未成功，同志仍需努力，要锲而不舍、统筹规划，用8到10年时间，争取国家、省、市支持，完成国土整治，造福百姓。”此后他多次关注长汀的水土流失治理工作，给予政策和财政的支持，有力地推动了治理步伐。从1983年至2012年的30年，长汀累计治理水土流失面积

① 本案例参考了王松良等主编的《生态文明教育》（福建人民出版社2017年出版）第7、8册部分内容，以及范启麟等刊载在2018年10月29日《闽西日报》上题为《长汀：中国生态文明建设的“实验田”》的部分数据。

162.8万亩,减少水土流失面积98.8万亩,森林覆盖率由1986年的59.8%提高到79.4%,植被覆盖率由15%~35%提高到65%~91%,实现了"荒山—绿洲—生态家园"的历史性转变,创造了水土流失治理的"长汀经验",成为中国水土流失治理的典范和福建生态省建设的一面旗帜。

2013年,当时长汀县的水土流失治理工作已远近闻名,在国家提出生态文明建设和福建省成为全国唯一的生态文明先行示范区的大好政策背景下,长汀的水土流失治理工作迎来更好的机遇。习近平总书记在长汀水土流失治理重要节点再作批示,号召长汀人民"咬定荒山不放松",全力打造水土流失治理"长汀经验"。新一轮水土流失治理和生态文明建设取得了显著成效,2016年3月5日,环境保护部国家级生态县技术评估组通过对长汀县5项基本条件和22项建设指标的综合考核,认为总体达到国家生态县要求,长汀县成为龙岩市首个通过国家级生态县建设技术评估的县份,从生态问题县一跃成为生态先进县。

2016年,福建省成为全国首个生态文明试验区,作为生态文明建设的新旗帜的长汀水土保持工作,更是稳步前进。2017年年底,卫星遥感的数据显示,长汀全县水土流失率已下降到8.52%,森林覆盖率达79.8%。

现在的长汀,"火焰山"变成了花果山(图2-4),干涸低洼地变成了莲花池,小干沟变成了小溪流,新建成的590.9公顷的湿地公园中湿地面积有466.8公顷,占79%,范围涉及河田、三洲、濯田等3个乡镇12个行政村。依托生态环境的大幅改善,长汀县着力推进生态产业化、产业生态化,大力发展文化旅游、现代生态农业,培育壮大新能源、健康养老两个新兴产业。2017年、2018年,长汀连续两年被评为"福建省县域经济发展十佳县"。脱贫攻坚领域也传来捷报,截至2017年底,长汀实现6199户20696人脱贫,1个贫困乡、16个贫困村摘帽退出。

图2-4　长汀河田喇叭寨的水土流失治理前后对比

除了充分利用国家生态文明建设的大好政策，还必须有切实可行的方法，如果从生态学视角审视“长汀经验”，那就是巧妙应用“反弹琵琶”治理法：即治理过程中严格遵守生态系统演替的规律。“光头山”经历了常绿阔叶混交—针阔混交—马尾松和灌丛—草被—裸地的次生演变过程，那么，治理过程就得循着“草—灌—乔”的原生演替规律。简单地说，就是山林从山上往下秃，群众就从山下开始往上种植被。从社会学视野看，长汀水土流失治理过程则充分挖掘社会各种力量，逐步探索出“党政主导、群众主体、社会参与、多措并举、以人为本、持之以恒”的水土流失社会参与之路，实现社会管理创新，使长汀的水土流失进入一个综合治理的全新阶段。

（四）永春：一个山区生态文明示范县的道路选择①

永春是闽南泉州市的一个山区县，古称“桃源”，置县至今已有1000多年历史，面积1468平方千米，全境呈长带形状，东西长84.7千米，南北宽37.2千米；辖22个乡镇，236个村（居）委会。北宋蔡襄盛赞永春“万紫千红花不谢，冬暖夏凉四序春”。永春主要有四个特点：一是生态优美。森林覆盖率达69.5%，绿化程度达到95%。入选全国百佳深呼吸小城，被纳入国家重点生态功能区建设，荣膺国家生态县、国家园林县城、国家卫生县城、全国绿化模范县、全国文明县城、中国香都等10多项国家级荣誉，为国家主体功能区建设试点示范县、全国生态保护与建设示范区、国家生态文明建设示范区、全国农

① 本案例内容参考刘益清等2018年08月04日刊载在《福建日报》题为《永春打造山区生态文明示范县》一文。

村改革试验区、国家全域旅游创建示范区、全国美丽乡村标准化建设试点县等10多项国家级试点。二是资源丰富。有牛姆林、北溪文苑等9个国家A级景区,有全国两处供奉魁星之一的魁星岩,有普济寺,有岵山古镇、五里街古街等闽南传统古民居古建筑群,有闻名遐迩的永春白鹤拳,有永春纸织画、永春芦柑、永春老醋、永春佛手、永春漆篮、永春香等6个国家地理标志保护产品,有石鼓白鸭汤、永春养脾散、永春榜舍龟等风味菜肴,是个养心养生养老的宜居宜业幸福之城。三是底蕴深厚。永春是千年古邑,历史文化积淀深厚,永春纸织画和永春白鹤拳被列入国家级非物质文化遗产保护名录,永春人自古崇文尚武、勤商善贾,足迹遍布世界47个国家和地区,现旅居海外的永春籍侨亲和港澳台胞有120多万人,在东南亚至今仍有"无永不开市"之说。四是交通便捷。随着泉三(泉州至三明)、莆永(莆田至永安)高速的开通,兴泉(江西兴国至福建泉州)铁路加快推进,承启东西、连接山海的区位优势更加突出,是福建中部重要交通枢纽,被纳入泉州"一小时交通圈、经济圈、生态旅游圈"。

自2011年以来,永春县立足生态、资源和人文优势,实施"生态立县"战略,围绕"乡愁故里、生态桃源、美丽永春"发展目标,统筹推进生态文明建设,实施全面治水,建设美丽乡村,发展生态经济,打造山区生态文明建设示范县,先后被确定为国家主体功能区建设、生态文明建设、生态保护与建设等国家试点县,荣膺首届中国生态文明奖先进集体。2018年11月20日,永春正式入选国家第二批国家生态文明建设示范市县。

永春打造生态文明建设示范市县的经验:

(1)全面治水,让生态更有味。永春是个山水兼备的县域,因水而兴,以水求变。2011年9月,永春认定生态环境的保护与建设才是其未来,投资超过30亿元启动其"母亲河"桃溪流域综合治理工程,目标是给桃溪下游百姓送上一泓清水,催生一条河流生态绿色长廊,筑起泉州"生态屏障"。具体措施包括:在水源地植树造林、封山育林,做好水土保持、崩岗治理等工作,有效地涵养了水源;对生活污水、垃圾、农业面源、养殖污染进行全面治理,减小河流的压力,有效保障了水质;大力开展小水电退出工作,从而增加河道的生态流量,使桃溪得到全方位保护。"治污水、防洪水、涵养水、净化水、美化水、利用水"六水同治,打造了"会呼吸的河道",实现"水清、河畅、路通、景美、魂足、民富"。到了三年之后的2014年底,一个崭新的"生态优先、统筹资源,多元治水、综合治理"的"桃溪流域治理模式"诞生了。该县还把治水与当地的文化历史风貌、古厝古民居保护结合起来,在景观设计中融入当地文化,使景观富有地域文化特色,使之功能最大化。沿溪两岸,一棵大树、一块大石头、一间老房子、一座古桥,都承载了乡愁记忆。为此,永春获得"国家级水利风景区"荣誉称号,获得立项建设桃溪国家湿地公园。2017年10月,桃溪生态修复工程荣获"中国人居环境范例奖"。

(2)宜居建设,让生活更舒适。自2014年以来,永春县以争创"联合国人居奖"为目标,在桃溪流域生态修复和两岸美丽乡村建设的基础上,开展以"新房美化、裸房装修、古厝修缮、违建清理、搭盖拆除"等五项工程为整治内容的"清新桃源·宜居永春"三年行动,开展"全城植绿"专项活动,并结合生活污水、生活垃圾等治理,不断深化人居环境建设。如今,在县城木栈道上,两边的芳草滴翠、鲜花盈目,人们漫步于道上,呼吸着清新的空气,观赏着美丽的县城景色;在桃溪两岸,一幢幢朱瓦黄墙小楼依山而建,错落有致。房前屋后花木环绕、果蔬成片,村道整洁干净、绿荫连连,村民安居乐业。五里街镇大羽村曾经是一个名不见经传的贫穷山顶村,在充分挖掘白鹤拳文化进行美丽乡村建设后,村容村貌焕然一新,清晨时分,蜂拥而至的四方游客都会看到白鹤拳师"嚯哈"练拳。像大羽村这样的特色美丽乡村在永春还有很多,这得益于永春县2012年在全省率先启动的美丽乡村建设,每年确定10个县级示范村和一批乡镇级示范村,按照"环境优美、生活甜美、社会和美"的建设目标,重点建设"治污、美化、绿化、创新、致富、和谐"六大工程,全面优化农村人居环境,努力建成一批"特色文化型""田园风貌型""滨溪休闲型""生态旅游型”“造福新村型”“产业带动型”美丽乡村。生态宜居乡村的建设,让全县乡民生活更舒适、更美好。

(3)绿色发展,让产业更持续。在五里街镇大羽村,一个四层的小民宿依山而建,整体风格古色古香,茶桌、板凳、门栏等物品均是由传统家具改造而成的。展示台上摆设了功夫辣木、永春老醋、沉香线香等具有地方特色的品牌产品,形成了与旅游产业相结合的文创产品。周末,各地游客纷至沓来,特色民俗经常客满。在开发全境生态旅游品牌上,永春相继推出了以牛姆林、船山岩、一都山歌小镇为节点的西部生态休闲旅游精品线和以岵山古镇、旅游集散中心、桃溪水利风景区、魁星岩、大羽村为节点的东部乡愁文化旅游精品线等,使永春的乡村旅游产业成为最具增长潜力的生态化产业,不仅为群众带来就业、增加收入,也让游客在永春畅游,品茗、闻香、尝醋、练拳、赏花、观景,共享生态建设带来的红利。据统计,2017年,全县接待游客480万人次,旅游总收入39.6亿元。

(4)教育先行,让未来更美好。为了增强全县人民的生态文明意识,促使生态文明建设方法更科学、技术更持续,永春县与省属高水平大学福建农林大学合作设立全省第一家县级“生态文明研究院”,通过理顺机制,吸引各方人才,让后者发挥出领衔生态文明教育、基础研究、方案设计等职能,促进产学研一体化,体现出研究院作为全县生态文明建设智库的功能。

案例小结

为了持续推进生态文明先行示范区和试验区的建设,2016年起,福建省率先扛起“党政同责”大旗,创新实施地方党政领导生态环保目标责任制。每年两会期间,九市一区党政“一把手”向省委省政府签订生态环保目标责任书,共同立下环保“军令状”,自然资源资产纳入领导干部离任审计。有了确保生态文明建设有效推进的领导责任制,福建省生态文明建设各项规划实施都很顺利,取得了许多标志性的成果,涌现出许多地方生态文明建设的典型就是自然而然的事了，为中共中央、国务院提出的“生态文明建设”提供先行先试的宝贵经验。本节通过上述福建全省—地区—县（市、区）三级生态文明建设共4个案例的描述，反映出福建省在生态文明建设的先行先试方面取得显著成效，为全国加快生态文明建设，走生产发展、生活富裕、生态良好的文明发展道路，提供了可复制、可推广、可借鉴的生态文明建设经验。

本章小结

在我国实施改革开放20多年后的2003年，环境的破坏和城乡差距不断加大，对经济发展的反思提到议事日程，中共中央不失时机地提出“科学发展观”，呼吁社会上下加强对生态问题重要性的认识，共同致力于生态环境治理；自2007年10月党的十七大报告首次提出“建设生态文明”作为“科学发展观”的继承和发展，同时也是后面的落脚点，生态文明建设正式被提升为一项国家发展战略；2012年11月党的十八大报告则提出“大力推进生态文明建设”，要求“把生态文明建设放在突出地位，融入经济建设、政治建设、文化建设、社会建设各方面和全过程，努力建设美丽中国，实现中华民族永续发展”。2015年4月25日，中共中央、国务院对外公布了《关于加快推进生态文明建设的意见》，对生态文明建设作出顶层设计和总体部署。至此，生态文明建设成为社会主义事业不可分割的一部分，生态文明建设水平与全面建成小康社会目标相适应。

作为生态文明建设先行者的福建省，在生态省、生态文明先行示范区、生态文明试验区的先行先试过程中，取得了许多很好的经验，本书选取福建省生态文明试验区建设的总体进展和生态文明建设成效的案例，向读者介绍福建生态文明建设的成就和可资其他省份借鉴的地方。

认知框架

从看似相似的原因，我们就期待一定有类似的效果。这就是当下所有实验科学能给我们的总结论。

——大卫·休谟①

我国是具有五千多年优秀文化历史的国家，的确如此。从文化上说，中华民族创造了辉煌的文化，可以当之无愧地屹立在世界之林。就是以当下流行的经济指标而论，直到明朝中叶，我们国家的国内生产总值（见知识盒子3-1）在全世界占比较高。为什么近代开始我们处处落后，甚至沦为半殖民地的下场？历史学家黄仁宇在其著名的《万历十五年》一书中得出结论，我们在明朝中叶的闭关自守，使我们未能跟上近代西方实验科学思潮，让我们失去睁眼看世界的机会。但更有深度的思考也许应该是：我国缺乏对“为什么(why)”的探究，无论遇到什么事情及其结果都让其马马虎虎地过去了。如今面对西方实验科学引导的技术主义在取得巨大的经济成就后的屡屡受挫，我们该坐下来反思，我们祖先的认知优势和缺点在哪里，以及西方实验科学体系应该往哪儿走。

① 休谟（1711—1776），苏格兰哲学家。

知识盒子3-1:国内生产总值(GDP)

有人说国内生产总值(GDP)是20世纪人类的“最伟大”发明。那么GDP到底是什么指标,为什么那么神奇呢?且听GDP的自我介绍:我叫GDP,英文全名是Gross Domestic Product,中文名叫国内生产总值。我能代表一个国家(或一个地区)在一定时期内生产活动(包括产品和劳务)的最终成果,可以反映一国经济的规模和运行状况。如果没有我,你们无法谈论一国经济及其景气周期,无法获取经济健康与否的最重要依据。没有我,你们也无法获知一国的贫富状况和人民的平均生活水平,无法确定一国应承担的国际义务和享受的优惠待遇。所以诺贝尔经济学奖获得者萨缪尔森和诺德豪斯在经济学教科书中把我称为“20世纪最伟大的发明之一”。

中国人深深地爱我,我也深深地爱中国人。1978年的时候,我是3679亿元人民币,到2002年增加到102398亿元。按可比价格计算,我每年增长9.4%。虽然后来的增长速度有所下降,但在2010年,我超越日本成为全世界老二,目前依然保持仅次于美国的世界第二的位置。

但是,大家不要听经济学家们的一面之词,且听美国前总统肯尼迪是怎么说我的,他(1968年竞选演说节选)说:“GDP并没有考虑到我们孩子的健康、他们的教育质量或他们做游戏的快乐,它也没有考虑我们的诗歌之美和婚姻的稳定,以及我们关于公共问题争论的智慧和我们公务员的廉正。它既没有衡量我们的勇气、我们的智慧,也没有衡量我们对祖国的热爱。简言之,它衡量一切,但并不包括我们生活中有意义的东西;它可以告诉我们关于美国人的一切,但没有告诉我们为什么我们以做一个美国人而骄傲!”

现在你们知道我的不足了吧?

第一节　东方演绎思维

演绎思维，也称为“演绎论”，即我们经常谈到的正向的三段论(Syllogism)思维，是指从一般的前提(假设)出发推导出特殊的结论，比如“这个袋子里的所有豆子都是白色的；因为这些豆子是从此袋子中取出的；所以这些豆子是白色的”。

演绎思维应用的是假设—推导的方法论，常常用于检验通用的理论和经验观察之间的关系。我国古代的学者基本使用的是这个思维方式，在观察自然和社会现象上取得了一些突破。20世纪，英国著名科学史家李约瑟(1900—1995)在研究中国古代科学技术史的过程中，深入探讨了中国古代有机论自然观。他指出：中国传统哲学是一种有机论的唯物主义。所有存在物的和谐协调并非出于它们之外的某一更高权威的命令，而是出于这样的事实——它们都是等级分明的整体的组成部分。这种整体等级构成一幅广大无垠、有机联系的图景，它们服从自身的内在支配。《周易》是这些思想的集大成者，《周易》通过研究生命现象来探讨自然和社会现象，将天、地、人看作一个整体，认为只要顺应客观规律，就可以与自然界长期共存，实现持续发展(张壬午等，1996)。《周易》中有一段话：“仰则观象于天，俯则观法于地，观鸟兽之文与地之宜，近取诸身，远取诸物，于是始作八卦，以通神明之德，以类万物之情。”翻译为白话文是：“人类的基本观念都是从自然界和自然事物中归纳出来，可简称为‘法自然’的原则，即以大自然为准绳，来研究事物变化的规律。”这正是生态学的思想真谛。

其实，演绎论也不是东方独有，在文艺复兴之前的古希腊、古罗马大家，也多是通过这种思维方式评价世界及其各个分科科学的。这种统称为形式逻辑的学问为人类积累知识作出了巨大的贡献。也有人认为，2000多年前古希腊亚里士多德的《逻辑学》就是演绎思维的开端，正是他的演绎逻辑奠定了西方政治民主思想，奠定了法治传统，而后激发了科学精神和科学革命。而更早一点儿的以中国为代表的东方演绎思维实际上更注重形象思维,强调意境、想象和感受的推理,而不是依据严密的逻辑,比如道家的“道,可道,非常道;名,可名,非常名”等。但我们认为这是对道家的演绎思维的浅层次理解,请看《道德经》中一段话,是不是可以认为是让人性回归自然性的“劝导”?

上善若水。水善利万物而不争,处众人之所恶,故几于道矣。居善地,心善渊,与善仁,言善信,政善治,事善能,动善时。夫唯不争,故无尤。

翻译成现代文:

道德高尚的人像水一样。水具有施利于万物而不与万物相争的美好品质,安然于众人所厌弃的低洼之处,所以说它的行为很接近道的准则。安居于很卑下的地位,思想深邃幽远,交往仁慈关爱,言语真实坦诚,为政清正廉明,做事德才兼备,行为择时而动。正因为它与世无争,所以没有灾祸。

东西方演绎逻辑思维的分流是因为它们各自要解决的问题是不一样的,西方偏重于微观领域,而东方演绎思维注重对已有知识的整合,对世界的本来整体面目作出宏观的论断,然后可以以此推导其微观的方方面面。因此,咱们认识世界是“道,可道,非常道;名,可名,非常名”(《道德经》第一章首句)。意思是“可以用言语描述的道,就不是恒久不变的道;可以叫得出的名,就不是恒久不变的名”,认为人类本质是自然的,自然是复杂的生态系统,即使一个人一辈子都在认识自然,也不能认识其规律的万一。而西方以亚里士多德为代表的演绎思维,重视局部,认为世界本源是由单个原子、分子构成,确实为而后的实验科学、归纳思维奠定了基础。

第二节　西方归纳思维

归纳思维，也称归纳论、归纳法、还原论，刚好和演绎论反过来，它是从一般现象（观察）推导出通用的结论，所谓“窥一斑而知全豹”正是归纳论的典型例子。还是以大豆为例：“这些大豆是从那个袋子取出来的，这些大豆都是白色的，那么那个袋子的豆子都是白色的。”

一般来说，经过一定批判性思维训练的读者马上就会产生一个问题，要是那个袋子被不小心掺入一颗黑色的豆子，但由于袋子里的豆子数目实在太大了，没有出现在抽样的这些豆子堆中（这个应该经常发生的），那么“袋子的豆子都是白色的”的归纳显然是错误的。这正是归纳法的漏洞所在以及最终酿成不良后果的症结所在。

近代西方的实验科学兴起并主导世界认知论、意识学和科学200余年，依赖的正是归纳论。这事要追溯到欧洲文艺复兴后的17世纪初的英国。培根[①]在其乌托邦大作《新大西岛》中幻想了一个由科学家组成的理想国，他有句名言：“科学知识即是驾驭自然的技能。”他对自然科学家通过实验对农业、制造业的指导，让自然臣服于人类社会的经济体系表示艳羡。培根认为，人可以被看作是世界的中心，整个自然都应该为人类服务，没有任何东西不能拿来使用；星星的演变和运行为人类划分春夏秋冬四季；中层天空的现象给人类提供天气预报；各种动物和植物创造出来是为了给人类提供住所、衣服、食物或药品的，或是减轻人类的劳动，或是给人类带来快乐和舒适。万事万物似乎都为人而存在，而不是为它们自己存在。

培根思想的继承者爱默生[②]在其《自然》中这样描述自然：

---

① 培根（1561—1626），英国思想家、哲学家。

② 爱默生（1803—1882），美国思想家。

自然完全是中性的,它生来就是为了服务。它像一只由救世主驾驭的牲畜一样温顺地接受人的控制。它将其所辖的一切都作为原料奉献给人类,人类可将它们铸成有用的东西。

因此,在培根、爱默生等人的眼里,人类就是生命的主宰,也是自然的主宰。培根的这一信念直到工业革命得到体现,进而成为人类开发自然的标准方式,标志着地球人类史的大事件。

大家知道,15世纪之前欧洲经历了1000多年的宗教“黑暗”时期。后来由于统治阶级内部的宗教思维分化,动摇古罗马帝国的国本,“十字军”东征和中国元朝的“铁蹄”在欧洲中心的“英、法、德”汇集,打通由中国到罗马的“丝绸之路”,既推动了以意大利为中心的“文艺复兴”,也摧毁了“英、法、德”的农奴制度(罗马教廷决定参加十字军的农奴可以获得自由),“丝绸之路”带来沿线的商品贸易发达、劳动分工、手工业兴起和资本主义的萌芽(中国由于乡土广袤,物产丰富,没有贸易大需求,资本主义萌而不芽)。劳动分工和商品贸易,必须要以“货币”为基础[先银(本位)后金(本位)],刺激了经济学的诞生(英国人斯密写出《国富论》)和知识革命(培根高呼“知识就是革命”的口号),对利润的追求,促进对知识的渴求,对物质的贪婪,推动了技术的进步和生产力的快速提高。位于欧洲的英国,在17世纪到18世纪初叶,经过资产阶级革命,新的阶级阶层产生,市场也产生,对技术和生产力的追求打破了以劳动力和畜力为主的自给自足型的农耕经济,随着与印度的纺织贸易增加,对产量增加的动力和改进人力纺织机的动力,终于在1765年织工哈格里夫斯发明了“珍妮”纺纱机后,资本主义的最新武器诞生了:一台机器上可以同时装置几十个纺锭,相当于几十双人手啊,还不用吃饭,工业革命拉开了序幕,而后工业革命跨步快速前进,成就了“日不落”的英帝国,也导致了伦敦的烟雾悲剧。试想,用畜力代替人力的马车已经让乡下运往城市的圆木数量和速度增加几十倍(图3-1),何况不断燃烧的煤炭、煤油对天空的污染和环境的破坏,还有对人性的玷污。

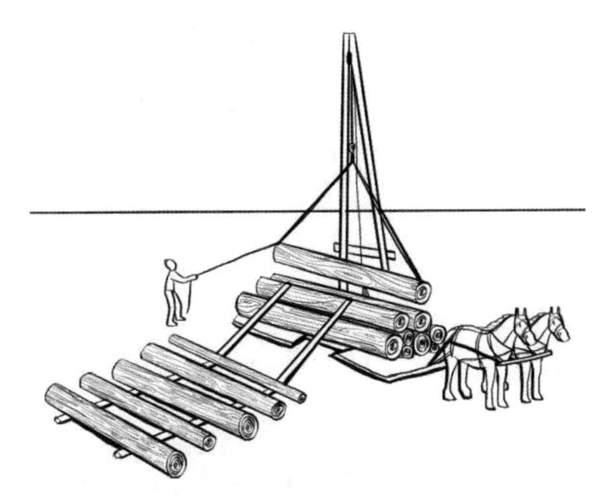

图3-1　自然大树倒在马车的车轮动力之下，表现了工业革命的萌芽
（王翊扬　绘制）

英国的工业革命让多国羡慕不已，大家纷纷效仿，处处繁荣，甚至当下仍有不少发展中国家还乐此不疲。如果当下许多人认识到市场培育的贪婪是人类失去道德底线的根本原因的话，难道技术的进步都是人类文明进步的表征吗？答案显然是否定的。

笔者发表在2016年《闽商》杂志上的题为《为什么技术在进步，人类却在衰退？》一篇短文回答了这个问题，部分内容如下（有改动）：

2008年发表在《现代科学》（*Current Science*）上题为"How technology advances and man decays"的文章，中文翻译如题。

文章作者阿沛说，温室气体排放和全球变暖的关系已是妇孺皆知，各国也纷纷制定政策控制温室气体（Green House Gas，简称GHG）排放，科学家们也努力研制低温室气体排放技术，配合着政策的实施。但是目前流行的很多"高新技术"确确实实与低温室气体排放目标极为冲突。他举了一个例子加以说明：印度有个省的大平原是小麦集中种植的区域，传统的人工收割可以充分利用小麦秸秆，但目前全部由联合收割机收割代替了。和人工收割相比,联合收割机收割确实省工,也有效地降低了收割成本,但它带来的负面效应也是很明显的。一方面,传统的人工收割没有留下任何废物,秸秆可以拿回家做饲料或其他用途。而联合收割机只收割成熟的麦穗,秸秆依然"长"在田里,因此农民为了种植下茬作物,只能用一把火燃烧了事。这样每年几百万英亩的土地被燃烧,既污染大气,产生雾霾,土地又常常被烧成焦土状,严重破坏了土壤结构及其生物多样性。另一方面,家里饲养的动物饲料短缺,必须到市场上购买人工饲料,增加了动物养殖的成本。可见,类似联合收割机这样的"先进"的设备对控制温室气体的排放百害而无一利,只是人类贪图悠闲和享受的产物。在全球变暖、世界各国都形成共识一同控制温室气体排放的今天,类似联合收割机这样的技术进步方向是错误的,因为我们已经支付不起这么"奢侈"的技术。

同样,在我国小麦主产区的华北平原,每年也有几百万公顷土地上的麦秆被燃烧,给华北带来严重的雾霾天气,各方提倡的秸秆回田却长期无法实施。除了作物秸秆的处理方法,为了单一的增产目标,不断得到研究人员肯定的化肥得以大量使用,造成土壤结构和生物多样性被破坏、食品重金属残留、温室气体排放等。举个例子,大家都知道,氧化亚氮(N_2O)是主要的温室气体之一,其温室效应是二氧化碳(CO_2)的310倍。依靠大量施用氮肥获得稻谷产量,每公顷水稻田每年产生氧化亚氮5千克,没有施用氮肥的自然森林土壤每公顷每年仅仅排放0.04千克的氧化亚氮,前者是后者的125倍(农业生产中氧化亚氮排放量达到大气中氧化亚氮排放量的70%~80%)。从这个角度看,专家认为施用化肥是维持作物产量不可或缺的技术,也许他们是对的,但目前这个技术已经不符合世界的潮流了。

面对足以导致人类灭绝的全球变暖危机,我们要时时刻刻检视技术研发的方向。归结起来为下面三个方面:

• 增长主义经济学主导社会生活的方方面面

人口增长和经济增长长期被主导这个世界的主流经济学家认为是极好的一件事情。人多了就可以为经济增长赖以发展的劳动分工和规模经济奠定基础，后者可以让地球上大多数人过上“奢侈生活”，即“美好生活”。在主流经济学家主导的政界、实业界和大多数民众长期以来把经济增长习惯性地当作解决问题的良药。

一些生态经济学家如戴利对“稳态经济学”的思考，包括把矿产、野生生物、森林、渔业、地下水、土壤的价值计入增长成本的建议，常常被主流经济学家有意忽略。因为后者对此是极为陌生的，他们奉为圭臬的国内生产总值计算环流图中没有输入项，是一个永动机的遐想，根本无法测算人类毁掉经济增长依赖的生态系统之前人类最高的经济规模有多少。大多数经济学家根本没有学过生态学，对生态系统为人类提供的服务一无所知，对自然植被在调节大气成分、过滤和提供淡水、土壤保护等方面的作用知之甚少。这些因素因为不在经济学家的数学模型中，因此是免费的。但是，一旦生态系统不提供服务了，寻找替代品的代价就十分巨大。绝大多数的主流经济学家也没有意识到自然生态系统目前承受的巨大压力，他们跟随英国经济学家贝克尔曼的观念：从远古时代算起持续至今，经济增长是无极限的。如果按年1%增长（这在经济学家看来是极不景气的），从七百年前至今，英国人的年收入应该达到100万美元，这不仅不可能，即使可能，其意义又何在呢？可见，他们关于经济永动机的两个假设（资源是无限的，每类资源都有其替代物）是多么荒谬，已经可笑到为了虚幻的利润不惜毁灭这个世界的程度。地球的资源是有限的，所以第一个假设不攻自破，然后他们转而曲解支配自然的物理学、化学和生物学的基本规律，为自己的第二个假设找依据。实际上，寻找替代资源有非常大的难度的现实也可以攻破资源替代的假设，无生命的电脑、机械人、无机物质对有机的生物只有一定的替代性，但负效应也是巨大的，让其不可持续。

人类扭转错误的经济增长理念走向可持续发展的道路,经济学学科依然是重要的,实现经济学和生态学家对话是极为迫切的,许多经济学家如今也认识到这点,认为不该在经济学教育中过分集中学习那些以荒谬假设为核心的数学理论和模型,走向更多关注可持续的经济政策领域。生态经济学看来是让经济学不失面子走向改变的替代学科。正如生态学(ecology)和经济学(economics)两者拥有共同的"eco"一样,前者管理自然界的"家务",后者管理社会的"家务",如今从事这个新兴学科的科学家包括一些目光远大的经济学家(往往被主流经济学家视为偏激者)和解释生态危机问题的生态学家(往往被功利的社会大众视为梦呓者),他们认为人类应该在优先管好自然这个"大住房"的基础上才考虑社会这个"小住房"。他们能带领我们走出困境吗?我们希望如此!但这需要在中小学教育过程中加入有关人类困境的材料,每个大学生应该至少修读一门有关地球状态的基本概述的课程,我们各级教育体系自鸣得意地培养出的公民对人口爆炸和地球生态危机知之甚少,将成为教育的耻辱!

保罗·艾里奇和安妮·艾里奇(2000)在《人口爆炸》一书中语重心长地说:

……当"总统经济顾问委员会建议把它自身归入新的人口统计、生态和经济顾问委员会"之时,当经济学的主要任务被认为是设计适当规模和特征的经济体系,以便让它在生态环境制约因素范围内永远正常运转之时,当讨论经济增长时综合考虑到均衡收缩和再分配之时,以及当国民生产总值被某种将资源和生态系统恶化程度作为负数考虑进去的计算法取代之时。你们就会知道,还是有希望的。当所有经济学家都认识到永远增长既不可能,也不符合需要之时,经济学整个专业就会变成人类永存的力量,而不是人类毁灭的力量——现在经济学的作用常常是后者。

人口增长与经济增长同步导致的环境问题和贫富差距足以使文明终结,这就是经济学家加勒特·哈丁所谓的"共同财产的悲剧"或"囚徒的困境",当所有组织和团体、个人针对一个公共资源都有最大利益化的诉求时,结果必导致悲剧的产生。

• 以专业与学科为中心的大学教育

先说前面批判过的在我们日常生活起主导作用的经济学教学体系。2014年何慧丽访问后现代主义生态经济学者小约翰·柯布,后者这样批判大学经济学对年轻人思想的教育(何慧丽和小约翰·柯布,2014):

主流经济学 ……假定人及其组织是追逐利润最大化的;然而,建设性后现代认为人或者组织是嵌入在一定的关系中的,受其生存的社会关系及自然资源环境之间的关系所规定。此外,绝大多数人把经济学理解为一种与社会历史本质上不相关的演绎科学,他们假定,从形而上经济模型中所产生的原则必会基于完全相同的方式对金融世界发生作用,就像它们曾对其出于之的工业世界发生作用一样。然而,谁都知道,抽象的经济模型设计,在反映具体的、经验的、以历史和实践为依据的人类社会方面,是有缺陷的。

在这个方面,他建议中国政府要慎重对待政府部门和企业邀请到的西方国家的专家,尤其是经济学家和金融专家协助决策。如果像现在一样无条件地采纳他们的意见,采取市场自由主义,向西方银行打开大门,把中国纳入西方银行运作的轨道上来,或者让中国银行从西方银行家那儿学习如何赚取更大的利润,那么中国非付出巨大代价不可。

实际上,全世界主流高校里盛行的无限细分的学科,以及专业的知识教学和研究,给人类带来两个严重问题:

一个是在大学教育中持"价值中立"而不是"价值关涉"。学者曾认为持有一种特定价值意味着偏见和模糊本质,而所谓的科学研究则会避免这个问题,会得到被证明无偏见的知识,而且人们感兴趣或有价值的东西,就是以客观的治学路径所做的专业的试验研究或者实证研究,于是价值无涉的研究型大学就成了榜样和标尺。然而这从原则上就是错误的,至少是有缺陷的。诚然,我们需要一些纯粹的科学的研究,但是我们更需要那些为了生活幸福和社会美好的研究,不是吗?难道让同学们在大学里为有益于社会、有益于日常生活的美好而做些准备,或者去增强他们生活的社区福利感,或者是(去学会做)社会现实中最重要的任何事情,这些不是最重要的吗?

……

另一个是关于学科化还是去学科化或跨学科化的问题。作为学科的学术规训的专业化发展,只是为了研究的方便性目的,而不是作为教育目的的一个好方向。为了社会美好和幸福生活的学习,本质上不是学术规训,当然会有别的更好的不同于学术规训的方法去组织学习。如果现代大学行为是被作为唯一的方法去规训学生,唯一的方式去组织知识的话,只能说很遗憾它从教育范式和方法的整体是错误的。

因此,柯布对中国正在过多地受美国的教育方式影响表示忧虑,为了社会美好和幸福生活的学习,本质上不是学术规训,当然会有别的更好的不同于学术规训的方法去组织学习。他认为,专业化、学科化并不必然地作为探索现实问题的基础,不能习惯性地将思考问题建立在学科思维方式的基础上。

世界自然保护联盟环境教育与宣传委员会荣誉主席弗利特斯说,可持续发展不是技术问题,而是心理学问题,这是很有见地的。

早在2004年,美国科罗拉多州立大学教授巴特利特在《今日物理》(*Physics Today*)上发表了题为"Scientists and the Silent Lie"(《科学家与其沉默的谎言》)的文章,它的结论可以作为本章主题的有力注脚。物理学家们都一致认为是不断增长的人口和人均能源消耗造成当下的能源危机,伦理上,他们不能提出消灭人类,也感到难以通过降低人均能源消耗来解决问题,因此就提出许许多多的替代能源技术，这难道不像医生开出阿司匹林来治疗病人的癌症一样可笑吗？Bartlett教授感慨万千，他最后指出，当下的技术进步总是朝着增加人口、增加消费的方向发展，这些技术进步只能使人类的危机得以短暂的缓冲，长远来看，这种迷失方向的技术进步终将加剧人类的衰退（Bartlett，2004）。

面对足以导致人类灭绝的全球变暖危机，我们要时时刻刻检视正在研制的技术之方向。赵春青先生2008年4月25日在《工人日报》上发表的一幅漫画主题有言："如果方向错了，停止就是进步。"痛哉此言，诚哉此言！

第三节　东西方认知碰撞后的回归：整体论

看来，中国古代的演绎思维和西方现代的还原论，都有其理性和非理性的地方，可谓各领风骚数百年，都发挥了它们认识世界的功能，前者可能有些过于含糊，但实际上符合复杂或称为混沌世界的现实，后者过于微观和工具性，恰恰满足了经济学拆解世界为物质、为人类欲望服务和物理学分解物质为量子的"先入为主"的现实需要。在认知自然界这个人类必须完成的任务上，我们好像在两者之间因为什么内容而迷失，是否在两者之间存在一个"甜蜜点(sweat point)"呢？

不管演绎思维和归纳思维其中隐含的逻辑，和地球相比，我们人类起源时间很迟，人类社会的形成就更迟，一个人穷其一生也无法探索全部世界的本源问题和自然界的奥秘。即使是一个法律精英的顶级专家，也无法把全部法律条款全部熟记和应用，甚至无法对社会规则了然于胸，那我们依靠什么来判断自己言行的是非？依靠的就是逻辑。因此学习逻辑学很重要，没有严密的逻辑推理，事情做得就不严谨。这就是为什么有些知名专家经常出现

“雷人言语”的根本症结。放在一个更大的背景下说事,当下世界的自由主义经济出现的问题要归咎于逻辑思维的缺失。

在这样的情形下,一种对自然界系统的认识论——整体论就弥补了演绎思维和还原思维的不足。整体论即一种承认自然的各个组分之间,以及与环境之间必然存在一种联系,只有承认这种普遍的联系,知识才是全面的,以此作出的决策才是循着自然界的真相而能和自然规律相适应的,这样才能尽可能地少产生问题。

生态学就是这种整体论的优秀代表,生态学把自然界内部关系复杂的实体称为生态系统,就从概念和理论上把这些复杂的关系都涵盖了。

“生态学”一词诞生于1866年的德国,1873年第一次出现在英文中,直到1960年代才得以充分衍生,但人类制造的生态危机却远远比生态学这门学科的传播快得多。14世纪初,第一批加农大炮一开火,人类派出工人进山伐木获得更多的碳酸钾、硫黄、铁矿,森林滥砍造成水土流失,现代机械技术武装的采伐车更以十倍百倍的速度砍树加剧了水土流失(图3–2)。氢弹可以毁灭地球上的所有生物。

图3–2　技术进步可能大大提高了经济生产力,但也变本加厉地破坏了生态生产力（王翊扬　绘制）

现代科学与技术都源于西方国家,17世纪的科学革命源于1543年哥白尼的日心学说,而18世纪的技术革命与工业革命并排而行。不得不说,这些和发源和流行于西方的实验科学的归纳思维有关。人类成为破坏自己生存环境最激烈的生物,这一切源于西方的“人为万物之灵”的思维。正是这些思维以及培根改造自然的思想,让人类毫无顾忌地走向无限征服自然的工业革命,直至酿成1972年《增长的极限》中所揭示的人口、粮食、资源、能源和环境五大生态危机。因此,走出生态危机不能依赖科学与技术本身,“解铃还须系铃人”,还是要从思维上找答案,在理论上找方向,在方法论上找方案,在技术上找办法。

生态学与归纳论的关系。生态学既然是一门自然科学,可能也不能说其与归纳论无关,比如它对生物和非生物组分的分析获得认识的过程就是一种归纳思维。但是,提出“深生态学”概念的内斯(1973)指出:所有不能按整体的等级层次思维而只能通过思考部分和细节推断整体的都不是生态学思维,因为生态学思维或者整体论的精髓就是整体不等于部分的简单相加,整体有部分所没有的属性。为了认知整体,对部分的认识还是需要的,但对部分的认识永远都不足以认识整体,否则,化学与物理学的存在就足够解释这个复杂的自然界。

生态学和经济学的关系。在现实社会中,经济变量总是会大大被估计,特别是面对与人使用环境和资源有关的决策时。更为遗憾的是经济和环境变量由不同的团队或个人来评价,不仅因为他们从事的学科无法交叉,也因为各自严格使用自己认知的标准来评价,忽略了它们之间的关联,这种关联有时显得更为重要。现代生态学的奠基者奥德姆(1975)指出,经济学与生态学有相同的前缀(eco-),目标其实也是一致的,这一点认识意义重大。因为归纳思维流行的关系,金钱成为衡量任何事物价值的唯一指标。实际上,金钱甚至无法衡量财富。金钱只是人类的一个发明,不是发现,但如今成为一切发展决策的出发点。金钱没有直接参与到自然财富的任何过程(能量和碳才是伴随的)。GDP也是人类的一个发明,它无法反映经济发展的社会和生态成本,和人们内心自发形成的幸福指数没有一点点关系。目前的市场体系处理的对象是人造的资本和产品,很少涉及自然的物品和服务。自由主义经济学只能处置生产和消费的简单线性关系,忽略过程的外部性(正负)影响,特别是对环境的负外部性影响。面对当下的世界,生态学与经济学对话最为紧迫。

生态学与政治学的关系。贫富鸿沟、科学与社会的鸿沟(对转基因食品的争论),导致很多社会问题。只有缩小这些鸿沟,才能既有利于问题减少,也有利于问题的解决。还原论给科学、技术及其和决策者之间的交流设立了一定障碍。科学家只能被敬仰但不能被信任。这些情况没有比我们现在的大学更严重了。在我们的农业大学里,作物栽培、作物育种、植物营养、植物病理、植物昆虫……人文、社会科学与理学、工学、农学互不沟通,学科的边界严格,无法交流,与其大学求大,不如求质:促进社会与科学之间的交流。政治学、政策制定中的反科学现象很严重。

生态学是整体观的科学。尤金·P.奥德姆(1975)解释说:首先,生态系统是等级的,人和自然的关系也就是等级的,上一级的功能不是下一级功能的简单相加,水的性质不同于氧气和氢气的性质,森林的功能不同于一棵树的功能。人和自然形成的生态系统和单一的人和某一层次环境不同。经济增长和环境保护也要整合起来同时考虑,这才是可持续性的前提,环境问题不仅是环境出了问题,而且是我们人类(社会)的问题。

因此,可以得出一个结论,即生态学就是整体论,不是归纳学科,是科学与社会的桥梁。因为学科的思维基本来自大学的设置和教学。这里需要强调一下一所大学该如何增长才是合理的?大学增长要和生态系统的生物个体、种群的增长一样分三段增长:先快速增长;再缓慢增长,但复杂稳定;最后达到高度平稳。但有时第一阶段过快、延续时间过长,成为“兴也匆匆,败也匆匆”的发展模式,社会的大学也可能如此。中国大学经过一个阶段无序的指数级增长后,如今应该回归最后的阶段——质量和稳定。同样,质量增长也需要成本,按生态学家的看法,这种控制数量的质量(quality in control of quantity)成本应该由政府支付,另外发展交叉学科,特别是在经济学、生态学之间对人类福祉有帮助的交叉学科。

案例3:以整体论分析现代农学演化问题

以笔者熟悉的农业科学与教育为例,现代农学的发展史就是一种类似于“盲人摸象”的历史,对现代农学的扬弃是必须的:

农学是研究合理农法的科学。作为近代农学学科的创始人的德国科学家瓦格纳(1877)曾定义农学为“研究提高动植物生产最为合理有利的方法并构建农业基础的科学”。1889年,德国的戈尔兹将农学分为两大部门即农业泛论和农业特论,其学科分化见图3-3。现代农学学科是在西方国家农业变革和实验农学的基础上产生和发展的。

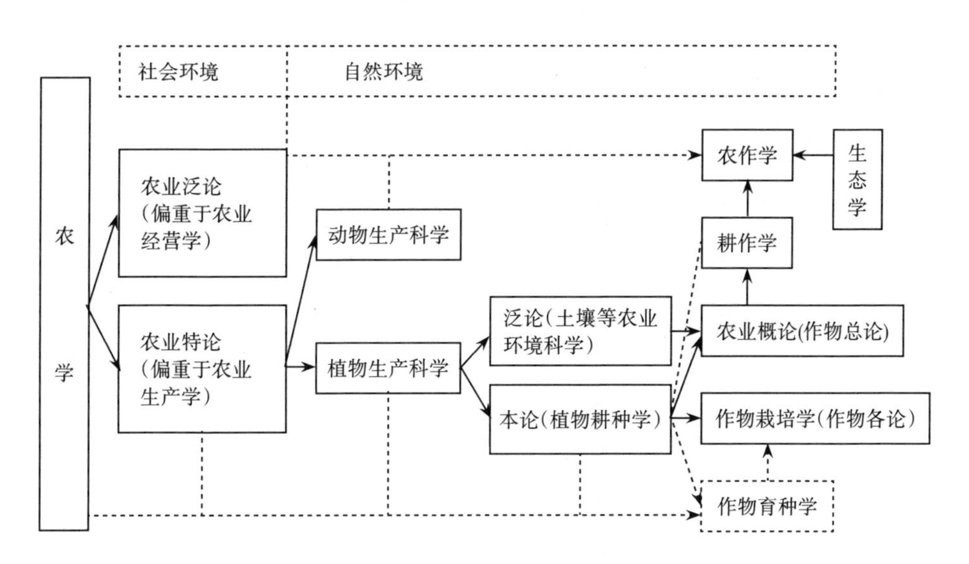

图3-3　传统的“农学”学科体系

(引自刘巽浩.农作学.北京:中国农业大学出版社,2005:10.并略作修改,虚线部分为作者添加。图中所显示的生态学与农作学的联系是表面的和机械的。)

19至20世纪,农学学科开始分化为各个不同的细小分支。现代农学学科越分越细,例如在我国农业院校的农学院里,一般都由作物栽培、植物遗传育种、植物保护、土壤科学、植物营养及新兴的植物生物技术等组成。这种学科体系容易形成“头痛医头,脚痛医脚”的技术体系,其结果类似于“盲人摸象”(图3-4),失去对农业生物与资源环境关系即农业生态系统的整体把握。现代农业产业的种种弊端和问题都源于此,如农药、化肥的大量使用导致的土壤衰退、水体污染、物种单一和食品污染物残留等,无一不是在此传统的学科及其技术指导下产生和恶化的。以作物学两个二级学科为例,作物栽培学与耕作学是在研究作物与环境以及作物之间相互关系的基础上,研究作物时空配置和作物群体产量形成原理及其调控技术的应用生物学分支。因此,传统的作物栽培学与耕作学截然分为耕作学(cropping system)和作物栽培学(crop cultivation)两个分支。前者通过研究作物的时空配置原理和土壤耕作技术,为区域作物分布和生产奠定技术基础,属于群落生态的生物组织层次(bio-organizational levels);后者则针对新的作物品种研制其高产栽培技术,局限在种群和个体生态的生物组织层次。

图3-4　现代农学体系的学科(专业、课程)微分其效果类似于盲人摸象
(每个学科旗下的“专家”都相信自己是对的,但缺乏关联,没能反映真实的世界,
是实际上的盲人)(王翊扬　绘制)

同样地,另一个二级学科“作物遗传育种”则以提高产量为研究和育种的最高目标(提高抗性也最终为提高产量服务)。近50年来,作物育种项目的成功恰恰伴随着大量耐肥、耗水的新品种的大行其道,在产量方面取得巨大

成就的同时,导致化肥、农药和水分的滥用和浪费;同时也造成植物性食品内部营养元素不平衡,一些作物缺铁、锌,缺维生素成为常态,威胁发展中国家以这些作物为主食的消费者特别是孕妇和婴儿的健康。这也是我们现在反思"绿色革命",推动"新一轮绿色革命"不能回避的问题。更有甚者,如今专业内的部分"权威"专家,极力鼓吹转基因作物,特别是作为我国大众粮食的转基因水稻的大田释放,不屑去考虑其对全民食物结构、食品安全和生态安全的潜在风险。总之,和作物栽培学与耕作学停留在个体、种群层次不同,作物遗传育种学科则长期停留在个体以下的研究层次。

所有这些也正是这种归纳论的科学方法和思想长期占领农学学科领域的必然结果。然而,按照生态学的基本常识,生物发育和进化存在不同的层次水平,从分子—细胞—组织—器官—个体—种群—群落—生态系统形成不可分割的组织层次。现代农业和作物生产出现的问题,如资源衰竭、环境破坏(水土流失、土壤衰退等)、品种退化、品质下降、食品污染、转基因生物释放的安全等已不仅仅是在个体、种群或群落间发生,而且也发生在生态系统水平。因此,从现代学科交叉、融合和集成的发展趋势出发,需要一门新型的学科作为现代生态学和农学的桥梁,促进农学专业内各学科的融合,使耕作学、作物栽培学、作物遗传育种学向从分子到生态系统研究的纵深发展。这门学科就是农业生态学。

案例小结

在社会文明的进化中,东西方因为思维方式有所差异,文明的走向有所差异。虽然当代中国在政治制度和意识形态保持自己的特色,但由于急切加入全球经济一体化的进程,思维方式强行纳入西方实验科学和还原论的范畴,出现了类似于旧瓶装新酒的效果,存在诸多冲突,产生问题。作者通过对现代农学发展的反思案例,用盲人摸象来比喻,得出融合农学与生态学的农业生态学是农业认知领域还原论和演绎论的完美融合,是解决当下归纳思维造成农业经济、农村环境和社会难题的正确思维范式。

本章小结

本章对源于东方的演绎论和源于欧洲文艺复兴之后的还原论及其对人类积累自然界认识贡献与局限性的评价,说明尽管两者都有局限,但它们的共通地方就是“逻辑”,是人类不同地理和时间上认识我们生存的世界的根本认知体系。相对于宇宙、地球诞生与演化而言,因为人类起源、发展时间和学习能力的“沧海一粟”,我们必须依照逻辑来相对准确地或不犯大错误地认知这个世界,不断积累知识,逐步了解自然本源、人类本质,让人类生存得更好些。然而,东西方的认知都有局限和无知,乃至于我们的行为不符合自然规律,造成当下严峻的生态危机,其中,几百年来,还原论对世界的误解加深,问题加倍。只有取长补短形成整体论,才能走出过去的思维误区。而生态学是整体论的典型代表,融合演绎论和还原论,是生态学文明时代的核心学科。

理论范式[1]

当家庭研究和家庭管理可以被合并，当伦理可以扩展到包括环境和人类价值观的时候，我们就可以对人类的未来感到乐观。

——尤金·P.奥德姆[2]

第三章从古今、东西方的两种思维方式出发，叙述演绎论和还原论的优势和缺点，以及它们是造成当下危机和冲突的认知范式症结，指出整体论是认知世界和走出危机的根本路径，而生态学就是当下最合适的整体论认知框架的载体。本章将把生态学定位为生态文明时代的核心学科。

中国曾经为以经济建设为绝对核心的发展付出了很大的资源、环境和健康的代价，生态文明建设成为我国政府自2007年以来实施国家治理体系现代化的重要战略之一，中共十八届三中全会更是把生态文明建设提高到国家发展核心战略的位置。按后现代主义思想家小约翰·柯布的话说，也只有中国的政党和政府能把生态文明建设放在如此的战略高度，因为它不仅能及时反思、检讨自己30年的经济发展之路，更是对300年资本全球化霸权主义之路对后发国家安全威胁的警惕，试图从根本上扭转资本主义模式导出的“奢

① 本章由笔者于2016年发表在《福建农林大学学报》(哲学社会科学版)第1期的“乡村生态文明”专栏的题为《生态学：生态文明时代的核心学科》的论文扩展而成。

② 奥德姆(1913—2002)，美国现代生态学奠基人。

侈生活即美好生活”的“全民共识”(何慧丽,小约翰·柯布,2014)。而实现生态文明建设战略目标的关键在于培养“生态型人民”,后者要求我国教育意识形态从“物质价值观”到“生态价值观”的根本转变。

为了在根本上实现生态文明建设战略,需要从生态文明理论及其学科体系的重建做起。如果说经济学是以现代“物质文明”为核心发展阶段的核心理论的话,生态学应该是生态文明时代的核心学科,以生态学学科为内核的学科体系取代以经济学学科为内核的学科体系再构势在必行。同样,在乡村再建、新农村建设、美丽乡村建设中,挖掘乡村生态文化和农耕文明是其应有之义,构建一门与城市生态学互补的乡村生态学也是极为迫切的。

第一节　生态文明:人类文明的本源

“文明”一词最早出现在中国,先秦《周易》之《易经·乾卦》中有“见龙在田,天下文明”之句;晚些的《尚书·舜典》中也有“浚哲文明”的说法;唐代的孔颖达将“文明”解释为:“经天纬地曰文,照临四方曰明。”从这个定义看,“经天纬地”意为认识自然,顺着自然创造文化、财富,“照临四方”意为造福人类和自然生物,也可以这样说:“高山大川就是经天纬地之文,红日皓月就是照临四方之明。”可见起始的文明等同于自然界,或者说当时的“文明”就是目前我们所说的“生态文明”。

然而,国际关系问题、局部战争的普遍存在、全面战争的威胁、饥饿与贫困人口、粮食与食品安全问题突出、生物多样性减少、臭氧层破坏、气候变暖、环境污染……人类社会面临的危机是前所未有的和多元的,但其中根本的危机是生态危机。生态危机的根源又是人类自己亲手酿成的,人类创造了巨大的市场之幕,让自己生存的方方面面都纳入市场的范式中,层出不穷地制造出经济危机和生态灾难。一切以利润为核心的经济增长却让大量的人口陷入贫困之中，带来更大的经济危机，经济危机的背后是生态危机，摧毁我们祖先创造的生态文明大厦。

在众多的生态危机中，最具代表性也是最严重的就是全球变暖，它从全球角度说明人类存在对祖先创建的文明的概念和本源的根本误解。“生态”是生物（包括人类在内）与其生存（发展）环境关系的状态，人类文明源于“和协”的生态。回顾人类社会公认的四大文明古国，中国、古埃及、古巴比伦、古印度，没有哪一个文明不源于“共生”的生物关系和“和协”的生物与环境关系，没有一个不和茂密的森林、良好的水环境相关。可见，良好的生态环境是文明生成与发展的重要条件。同样，从这个角度看，诚如文明的最初定义，“经天纬地曰文，照临四方曰明”，文明从本源上看就是生态文明。但是自从有了人类社会，人们的目光逐步聚焦在社会，奉行社会的一切目标，渐渐忘了他们与自然生态的关系。正如《中国大百科全书》（哲学卷）对“文明”的定义：人类改造世界的物质、制度和精神成果的总和；社会进步和人类化状态的成果和标志。文明从人类的发展目标变成了人类社会的工具。

今天，我们面临危机之后，重新思考文明的本源时，可以给文明重新定义，它包含三个维度，甚至无限个维度。从一维空间看，文明是特定时间人类社会与自然互动的状态；从二维空间看，文明是人类生存环境、生产方式、社会构造及文化特点的综合，为此，文明可分为环境体系、生产方式、社会构造、文化特点；从三维空间看，文明是某一地域文化对环境的社会生态适应的全过程，也即人类文化的时间（历史）、空间（地理）和政治经济社会的三维进程。由此也可见，文明即生态文明。只是当我们陷入“社会”之中，一叶障目不见了“自然”这一个“泰山”，丢了文明的前缀——“生态”，从此文明也就走上了不归路。

第二节　生态学:复归生态文明时代的核心学科

人类文明肇始于农耕文明,即农业是社会文明的基石。但不得不承认,人类自拿起第一把锄头就对地球环境进行无休止的破坏,更为遗憾的是,人类对此的无意识,在人口数量和欲望膨胀下加速了这个"破坏"的速度、广度和深度。1972年出版的《增长的极限》一书指出:全球存在人口爆炸、粮食短缺、资源衰退、能源缺乏和环境污染等五大危机,使人类文明滑向破灭的危险。生态学学科的发展历史研究表明,尽管生态学诞生于1866年,但真正成为一个被广泛认可的学科是1900年后,而它也在其诞生后的约100年后的1960年代作为生物学的分支学科才得以快速发展,因此完全可以说,上述五大危机才是生态学产生与发展的动力,因为生态学产生的19世纪中叶正是工业革命生产力达到高峰,也是环境问题开始凸显的时期。正是不断加剧的生态危机,驱使生态学从其母体——生物学学科脱离,成为独立的学科,并不断拓展衍生出70多个分支学科。因为生态学是关于包括人类在内的生命有机体与其生存环境相互关系的科学。

理论上,生态学是研究自然的经济学。时下流行的传统社会经济学的理论假设为:(1)市场体系是关于生产和消费之间封闭的、流动的循环,并没有入口或出口;(2)自然资源存在于封闭的市场体系之外并与之有明显区别的领域,其经济价值只能由领域内运作的动力学所决定;(3)经济活动对外部自然环境造成的损坏成本应看作封闭的市场体系之外的,或是无法被该系统内运作的定价机制所包含;(4)来自自然的外部资源大多是无法耗尽的,但也不能被其他资源或技术(指试图尽量小地使用那些可耗尽资源)或仰赖其他资源的方式所替代;(5)并不存在对市场体系而言有生物或物理限制的增长[①]。

① Robert Nadeau的"The Economist Has No Clothes"(《"一丝不挂"的经济学家》)发表于《科学美国人》(*Scientific American Magazine*)2008年3月17日。见笔者的译文:新浪博客http://blog.sina.com.cn/wsolo,2008-07-04。

也即自然资源和环境的价值是他们创造的市场体系所承认的部分，除此之外是没有价值的。实际上，自然资源的价值远远超过目前市场所体现的部分。例如，森林的生态功能可以表述为：涵养水源，保持水土；调节气候，增加雨量；防风固沙，保护农田；美化环境，防治污染；提供生活能源。研究表明，一棵50年的树，一年对人的贡献高达十几万美元，其中，产氧3.12万美元，防止大气污染6.25万美元，防止土壤侵蚀、增加肥力3.125万美元，涵养水源3.125万美元，产生蛋白质2500美元。可见，森林或树木的生态生产力远远超过其通过市场交易获得的经济收益（王松良等，2012）。我们再把视野扩展一些，中国生物多样性的价值也远远超过其市场交换的价值。评估表明，整个中国的生物多样性的价值达到39.33×10^{12}元人民币，远远超过通过市场交换获得的1.80×10^{12}元人民币（见表4-1）（《中国生物多样性国情研究报告》编写组，1998）。再扩展一些，每年整个地球的生物多样性价值达到33兆亿美元，是当年世界GDP的1.8倍（Costanza et al.，1997）。

但长期以来，我们只关注经济目标，忽略对自然价值的统计，片面追求各类经济目标，造成牺牲自然满足社会的严峻现实。建设生态文明，就是重新构建人—社会—自然系统的“共生”“和协”关系，只有学好处理生物之间的“共生”、生物与其生存环境“和协”关系的生态学，做到任何社会活动都必须按照自然规律办事，才能达到人与社会、自然之间的真正和谐，建设“共生”的全生态文明世界①。

① “共生”“和协”以及“共生全生态文明时代”等理念和概念是本书顾问钱宏先生最早提出的。据他回忆说，从1990年代开始思考中国应该往何处走，最终提出并把“共生”作为世界最后的发展范式。这些概念和思想集中体现在其两本著作中：一是《中国：共生崛起》（知识产权出版社，2012）；二是《原德：大国哲学》（中国广播电视出版社，2012）。

表4-1　中国生物多样性的价值

价值分类	价值类别	经济值（$\times10^{12}$元人民币）
直接使用价值	产品及加工品年净价值	1.02
	其他直接服务价值	0.78
小计		1.80
间接使用价值	有机质生产价值	23.3
	CO_2固定价值	3.27
	O_2释放价值	3.11
	营养物质循环和储存价值	0.32
	土壤保护价值	6.64
	涵养水源价值	0.27
	净化污染物价值	0.40
小计		37.31
潜在使用价值	选择使用价值	0.09
	保留使用价值	0.13
小计		0.22
总计		39.33

数据来源:《中国生物多样性国情研究报告》编写组,1998。

实践上,生态学是自然科学与社会科学的桥梁(Odum,1997)。现存的任何生态危机问题都是人类试图改造自然的结果,解决这些问题自然需要打破自然和社会科学的藩篱,没有其他学科比生态学更适合作为解决人类活动导致的生态问题的桥梁学科了。正如著名生态思想史家唐纳德·沃斯特(1941—)描述生态学对人类寻找正确发展之路的作用时所说:“(生态学)通过对不断变化的过去的认识,即对人类和自然总是相互联系为一个整体的历史的认识,我们能够在并不十全十美的人类理性的帮助下,发现我们珍惜和正在保卫的一切。”他认为,“生态学所描绘的是一个相互依存的以及有着错综复杂联系的世界,提出一个新的道德观:人类是周围世界的一个部分,既不优于其他物种,也不能不受大自然的制约”。在这个“最坏”也是“最好”的时代,生态学是清理人类发展意识形态和思想混乱的最后一步棋。

在现代生态学的70多个分支中,生态伦理学使人类意识到与自然的依存关系;农业生态学重现乡村文明和农耕文明;生态经济学让生态学不断渗透到经济学,从资源节约和环境保护两个方面与经济学直接对话;产业生态学、生态工程学让清洁生产和低碳消费有了技术的支撑。

在生态学产生和发展的过程中,科学家结合演绎和归纳方法,从生态系统的各个角度提出了生态文明赖以存在的生态学原理。对应地,与现在提倡的“共生”发展、“和协”进化、“低碳”生活有关的生态术语,都是作为“生态型人民”的我们应该熟悉的,也是生态文明的学科建设、科学研究和教育应该触及的核心内容。

然而,历史经验表明,如果缺少理论支撑和行动,生态文明和可持续发展很难推进。有的生态学家罔顾现实(生态危机之严重),其学术依然守着自己的领地,在实验、数据和模型之间纸上谈兵、自娱自乐。

因此,只有当我们把握了生态学的本质、理解并遵守生态学的规律,生态文明和世界可持续发展就将从口号转化为可及的目标:公平和公正不仅涉及代内之间,更涉及代际之间,也许还需要拓展到人类社会和自然生物之间,只有那样,世界各国方能走出政治制度、宗教和经济的种种误区,生态文明成为全人类共同的价值观方能指日可待。

案例4:以乡村生态学指导美丽乡村建设

(1)美丽乡村建设的核心问题是乡村生态文明的复归

几乎所有的人类文明都肇始于农耕文明,乡村生态系统是一个典型的农业生态系统,是农耕文明产生和发展的场所,也是人类生态文明的源头。我国是一个以农业为主体的发展中国家,至今乡村人口仍然占总人口的67%以上[①]。因而,我国农业农村现代化是整个国民经济建设现代化的基础。然而,由于长期的城乡“二元”经济政策形成目前农村区域严峻的“三农”问题:2004年,李昌平用“农民真苦,农村真穷,农业真危险”来概述“三农”问题的外在表现;2012年,笔者把“三农”问题的本质概括为“农村经济、农村环境和农村社会交织的难题”(王松良,2012)。

曾几何时,中国农村是美丽的,它拥有宜人的景观、和谐的人群和美好的愿望。晋代陶渊明那篇脍炙人口的《桃花源记》就描述了“阡陌之间,鸡犬相闻”的宜人乡村景象。本质上,乡村生态系统是人类社会与自然生态系统的中间界面,不应该成为破败社会和恶化自然的源头。习近平提出建设美丽乡村的战略思想,其核心问题就是解决经济、环境和社会交织的“三农”难题,实现新农村建设的“生产发展,生活宽裕,村容整洁,乡风文明,管理民主”目标。但单凭经济学的指导是解决不了这个经济、环境和社会交织的“三农”难题的。因为诚如著名科学家爱因斯坦说过的那样,“人类不能用制造问题的方法来解决问题”,而长期的“二元”政策恰恰是造成“三农”难题的根源,特别是农产品便宜、生产资料贵的“剪刀差”经济政策,直接使每年上千亿的资金直接从农业流向工业、从乡村流向城市,形成长期的事实上的“以农补工”和“以乡补城”,农业成为破碎的产业,农民获得微小的食物生产利润,大量的产后加工、包装和营销的增值利润则被来自城市的工业、商业和副业经营者瓜分。

解决中国乡村的经济、环境和社会交织的难题的指导学科也需要融合相

① 作者注:指户籍依然在农村,标识为农户(民)的人口。

应的经济、环境和社会知识,这个学科就是乡村生态学(图4-1)。为此,笔者循着前文所陈的作为生态文明时代的核心指导学科——生态学的学科构架,尝试构建乡村生态学分支学科以指导我国美丽乡村建设。①

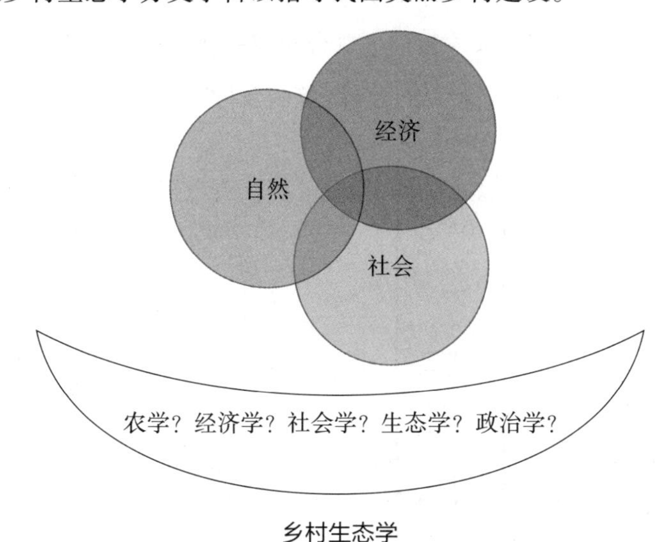

乡村生态学

图4-1　建设美丽乡村的基本知识体系要求

(2)乡村生态学的学科性质与研究尺度

①学科性质

乡村生态学(Rural Ecology)将承载建设美丽乡村所需要的基本知识体系,即融合乡村经济、环境(生态)和社会的知识体系于一体,处理好三者的"和协"关系,达到美丽乡村(新农村)建设的20字目标。因此,乡村生态学既体现目标驱动的交叉学科性质(interdisciplinarity),又体现跨学科的特征(transdisciplinarity),而不仅是把多个学科简单凑合在一起。换句话说,乡村生态学是一门具备跨学科分析工具的交叉学科。如图4-2所示,乡村生态学

① 实际上,这个思路早在2006年笔者在加拿大进修期间就形成,在加拿大著名农学家克劳德·考德威尔的指导下撰写一篇题为"Incorporating Rural Ecology into the Agroecological Discipline"的工作论文,被2007年4月在北京举办的第2届国际生态学高峰会选为生态学教育和乡村生态学2个分会主题报告。

是景观生态学(生态学渗透到地理学的产物)、农业生态学(生态学渗透到农学的产物)与政治生态学(政治学与生态学交叉的产物)、社会生态学(社会学与生态学交叉的产物)交叉的学科,但具备了地理学、农学、政治学和社会学等跨学科的方法,只有这样才能推进融合地理—社会—生态—经济—文化因素的乡村生态系统走向可持续发展(即"美丽乡村")。

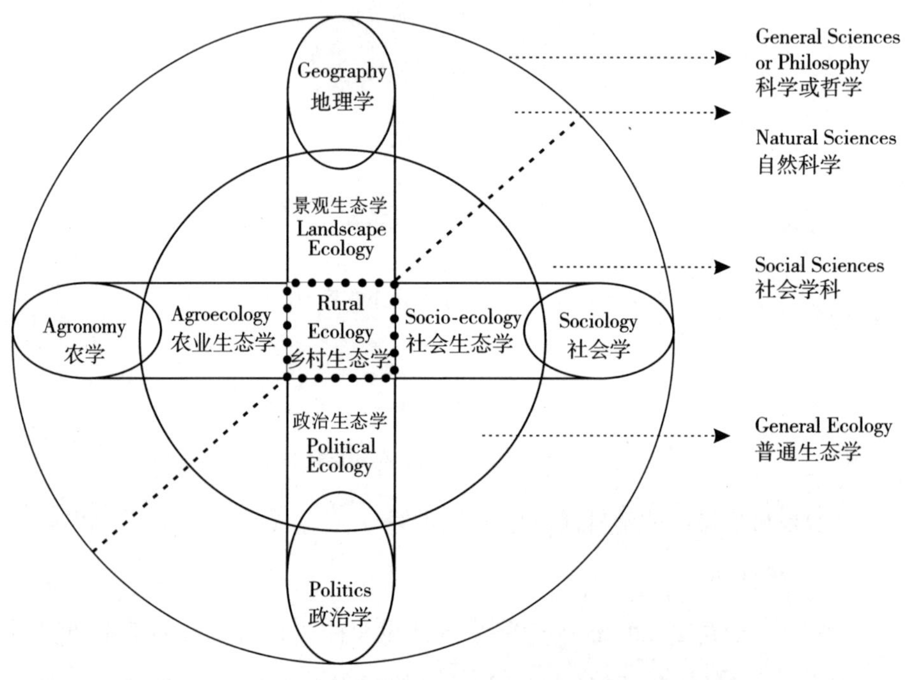

图4-2　乡村生态学是一门具备跨学科方法的交叉学科

②研究尺度

生态学具有等级的生物组织层次研究尺度,其水平尺度是研究生态系统的结构和功能,结构指生物之间、生物与环境之间的互相作用形成的平面组合;垂直尺度指从全球生态系统、单位生态系统、生物群落、生物种群、生物个体、生物组织、生物器官、生物细胞到生物基因水平。如图4-3所示,现代生态学的归宿是人类生态学(周鸿,1989),人类生态学研究人类及其与生存环境的关系,其英文可以是Human Ecology,也可以写成Ethnoecology,前者是生态学的“软件”方面，考虑人类的生态意识、道德、良心和责任（周鸿，2010），后者是生态学的“硬件”，探索人类与环境关系的实质理论和实践（Altieri，1989）。从人类生态学研究对象的地理空间看，可以分为城市生态学与乡村生态学。乡村生态学是研究乡村生态系统结构与功能的科学，同样，构建中的乡村生态学研究尺度也分为水平尺度和垂直尺度。

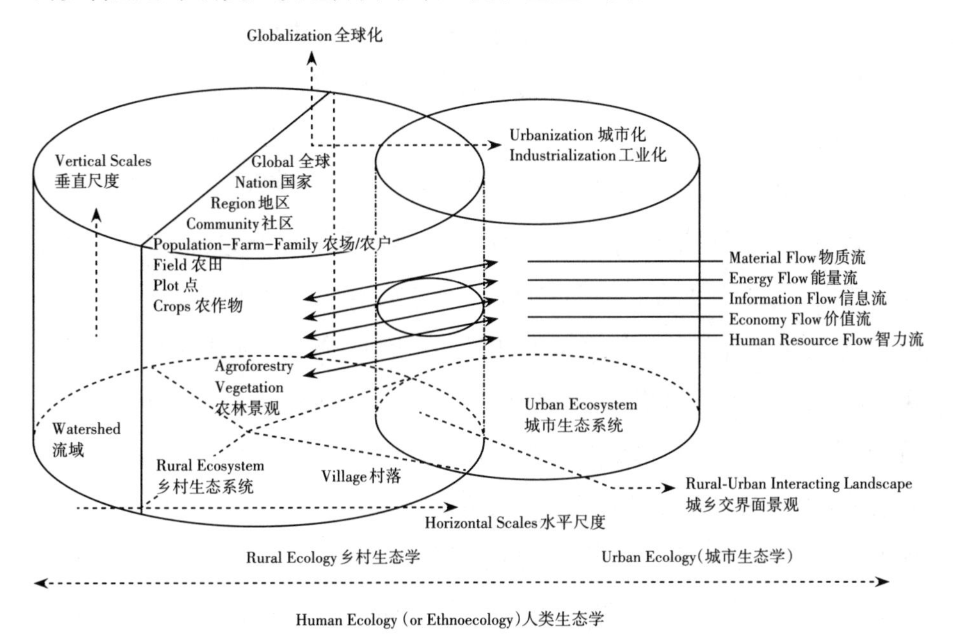

图4-3　作为人类生态学硬件部分的乡村生态学的研究尺度示意

水平尺度。乡村生态系统可分为村落景观、农林生物景观、自然流域景观和城乡交接面景观。乡村生态学重点是研究发生在城乡交界面景观上的物质流、能量流、价值流、信息流和智力流。

垂直尺度。乡村生态系统从立面上可以从大到小分为全球、国家、地区、社区、农场（农户）、农田等生态系统。核心是研究各自的结构和功能及其相互关联。

(3)以乡村生态学指导美丽乡村建设

综上所述,笔者认为,建设美丽乡村的使命有三:

一是重建城市社区与乡村社区的依存关系,理顺城乡交界面景观上发生的物质、能量、价值、信息和智力的有序流动;

二是做好乡土生态文化和优良农耕文明的发掘、继承和传播工作;

三是重建农产品生产者(乡村农民)和消费者(城市居民)的信任关系。

归结起来就是要重建一个可持续的乡村生态系统,必须循着乡村生态学的学科性质和研究尺度,循序渐进地处理好乡村生态系统水平结构和垂直等级层次之间的"和协"关系(王松良等,2012)。

第一层次:平衡城乡居民数量比例。人多地少,生产者多,消费者少是我国乡村生态系统长期存在的现实问题,试想7个农民生产食品给3个城市居民消费,当然是后者说了算,农业何来效益?因此,首先要走农村城市(城镇)化之路,尽快减少生产者数量。不管人们同意不同意,农村人口向城市(城镇)转移即城市(城镇)化是不可阻挡的趋势,现阶段正进入快速阶段。吸取以前工业化过程城市化没有跟上的政策监管失误的教训,在快速的城市化进程中,应把政府监管提高到很高的高度,因为监管得好,让城市自动"拥抱"进城农民,城市化肯定成为我国化解"三农"难题的根本途径;监管不好,也可能出现部分发展中国家曾经出现的问题。

第二层次:从根本上变革对乡村及其农业的价值观。从歧视"三农"彻底扭转到以政策保护乡村和农业。我国是以农耕文明立国的,文明源于乡村文明,也正如加拿大农学家考德威尔博士所言,农业是"把太阳光转化为人们健康、幸福生活的科学、艺术、政治学和社会学"(王松良等,2010,2012)。农业是这个星球上唯一有生命的产业,事关人类的健康、福祉和可持续发展,不能完全走与其他产业一样的纯粹工业化、货币化、市场化之路。农业不仅仅是"经济学",更应该是"生态学"和"政治学",用"生态学"原理构建和谐的产销体系,促进公平贸易,从"政治学"的高度以优惠的政策对乡村和农业加以保护。

第三层次:农业组织形式的变革。首先,建设健全的农村(民)专业合作组织,促进农业融合成为真正的产业,使农民能分享整个产业链的利润。《农民合作社法》已经颁布十多年,政府和各级非政府组织应该极力帮助农民建设健全的农村(民)专业合作组织,真正实现农业产业的“种养加”结合、“农工商”一体化,做到社员平等参与(决策、经营),利益均沾,使农民能分享整个产业链的利润。其次,大力发展社区支持农业(community support agriculture,以下称CSA),连接生产者与消费者,促进两者的互动、互信、互助。CSA也是一种低碳的“地方性消费”模式(王松良等,2010),通过提倡消费者购买当地食品,减少食品在长距离运输过程中的化石能源燃烧,尽量减少碳排放,是“低碳”消费的典型模式。

第四层次:农业资源循环利用模式的变革。中国生态农业能实现对各个农业组分的“接口”,形成无废物或自净的生产体系(王松良等,1999,2010)。

第五层次:食品生产技术的变革。以回归我国传统农业的有机或无公害耕作方式,建立安全的食品生产体系。

为了将上述乡村生态学学科理论框架推向实践或在实践中接受检验,我们课题组选择永春县湖洋镇的锦龙村,依托泉州西畴农业有限公司在该村的菜篮子基地,按乡村生态系统的等级尺度逐级开展项目布置和监测。

20世纪八九十年代的锦龙村,人口大约1000人左右,是个以永春芦柑和高山乌龙茶为主要种植作物的典型农村。由于农业效益低,成本和风险高,再加上芦柑普遍出现黄龙病危害,村中青壮年纷纷离开村庄,到泉州、漳州和厦门等大中城市谋生。其中,大部分青年选择在上述城市的城郊接合部开设小超市,久了就形成传帮带的传统,锦龙村村民的小超市小有名气,又吸引了更多的青壮年村民出去开办小超市。进入本世纪,和许多农村一样,锦龙村也只剩下妇女、儿童、老人,山地和农地抛荒,基层党组织和行政组织也基本维持一些形式,谈不上办事和管理。随着时间的推移,在城市开超市的村民逐步把妻子和小孩(目的是上好的学校),甚至父母带到城市(目的是帮忙带小孩),余下的就是失去劳动能力的老人,他们的后辈要么忙碌没时间回来照顾渐渐老去和生病的父母,要么是经济尚不宽裕到资助生病老人的养老费和医疗费,只能任由老人在村里“自生自灭”。在这种情况下,锦龙村把闲置的菜地流转给泉州西畴农业有限公司,用于生产无公害蔬菜,补充满足泉州市菜篮子的需要。

2015年福建农林大学农学专业毕业的阙志龙先生被泉州西畴农业有限公司聘用,管理锦龙村的蔬菜基地。他在学校读书时修读过笔者开设的“农业生态学”课程,掌握生态学的等级尺度思维和生态农业的方法论,也是学校有机农业研究协会的骨干成员。他毕业实习单位选择在魏长先生(阙志龙先生的学长)创建的福建第一家社区支持农业企业——佳美市民农园实习,完成本专业第一篇社区支持农业方向的毕业论文。他很自然地把社区支持农业的经营模式融合进西畴生态农业蔬菜的经营中。泉州西畴农业有限公司的施维昌董事长也是一个有志于乡村建设和治理的企业家,通过阙志龙先生的介绍,笔者的乡村生态学思维和理论指导乡村建设和治理的想法桥接到施董事长的公司发展计划中,泉州西畴农业有限公司2016年与锦龙村村干部和村民商量启动参与村庄的治理,试图重建一个合理的、稳定的、可持续的锦龙乡村生态系统。

第一,通过请笔者等农业生态学专家开展志愿性的教育,向村干部和村民传授乡村建设与治理、农业生态学与生态农业、无公害与有机耕作的理念和知识,以及社区支持农业的经营方式和意义等,促使他们转变施用化肥、农药的农业为良好规范的农业措施,获得农业的附加值和上级政府的农业补偿。

第二,泉州西畴农业有限公司投入经费治理村容村貌,委托省级科研所开展“锦龙村慢生活休闲旅游综合体规划”[①]，建设和布置基础设施，准备开发乡村旅游和休闲农业，发挥农业的多功能性。附加的收入按一定的比例返给村民，同时，泉州西畴农业有限公司尝试资助创办村庄老人食堂，为构建互助式的村级养老模式打下基础。

第三，扩大基于社区支持农业的蔬菜基地，不仅仅使村民更多的荒废土地得到有效利用，村民也能分享社区支持农业的高附加值。

第四，结合“锦龙村慢生活休闲旅游综合体规划”，制订全村可耕地和部分山地的生态农业规划，立足社区支持农业的菜篮子机制，全面实施农牧结合和林下立体种植的生态农业模式，实现土地治理和维护，生产丰富的生态农业产品，进一步实现农产品的附加值。

第五，部分环境背景优良的菜地，采用严格的有机耕作，申请有机蔬菜认证，通过“生态认证”方式获得市场、社会对从事健康安全农业的补偿。

通过上述五个方面的初步实施，一个可持续的乡村生态系统有了雏形，被纳入了永春生态文明示范县的建设盘子，越来越多的消费者被村庄的美丽景观和美好理念吸引，来村庄旅游和休闲的游客不断增加，一个基于生态文明和生态相容理念建设的“美丽乡村”出现在我们的面前。

案例小结

生态学与生态文明不管从提法还是内核上必定存在内在的联系。作者提出构建乡村生态学以指导乡村振兴，并明确了对乡村生态系统认识的“生态学”尺度思维。

① 公司委托“福建省金梭椤生态文明研究所”制订“锦龙村慢生活休闲旅游综合体规划”和附属生态农业规划。该研究所是福建省第一家致力于乡村生态文明研究和服务的民间智库。

本章小结

人类文明诞育于良好的生态环境，文明的本源就是生态文明。中共中央提倡生态文明建设，生态学应该走下大学讲坛成为生态文明时代的核心学科。乡村生态系统是生态文明的源头，然而长期城乡“二元”经济政策，导致了严峻的乡村经济、环境和社会交织的“三农”难题，构建中的乡村生态学是一门具有跨学科方法的交叉学科，可以有效融合地理—社会—生态—经济—文化因素或视野，是指导乡村生态文明复归或美丽乡村建设的核心学科。为了实现这些目标，需要加强农林院校学科整合，建设乡村和农业生态系统学科，以改变大学学科日趋细化，以及出现对乡村问题“头痛医头，脚痛医脚”的现象，培养具备生态系统视野的大学毕业生和“三农”工作者。建设乡村社区大学，发展农村、农民职业教育和培训，促进农民的组织化、职业化，培养他们在生态农业领域的经营意识和技能，为更好更快建设美丽乡村服务。笔者等和相关生态农业公司合作在泉州永春县的湖洋镇锦龙村实施初步的实践，其综合效果得到逐步显现。从乡村旅游、休闲农业、社区支持农业、生态农业和“生态认证”等方面实现农业的多功能性，大幅度增加农业健康农产品的附加值，获得政策的认可与支持，对农业生态系统服务的补偿也有望实现。基层政治组织、社会企业、科教机构和非政府公益组织应用生态学思维参与乡村治理的良好局面展现在我们面前，为福建省生态文明试验区建设提供了一个最基层的方式。

第五章 走向实践

当高昂的维护成本导致官僚机构对生产部门提出过高要求时,文明就会变得不稳定,直至崩溃。

——卡尔·巴兹①

我国提出建设生态文明战略,其出发点是尽快扭转过去30多年单一着力于经济发展造成的生态和人文破坏的局面,因此它不仅仅是一个理念、一个思想或一个理论,它更重要的是一个实践范式、一个应用模式、一个正在践行的教育体系。“他山之石可以攻玉”,生态文明的实践也不仅仅着眼于从无到有的创新,也可以是“扬弃”地吸收、利用古今中外已有的生态文明(它们不一定有同样的名称)建设案例。本章集中对搜集到的生态文明建设案例进行陈述和分析。既然作者笃信基于整体论的生态学是指导生态文明建设的核心理论、方法论和工具,那么本章我们将循着生态学的研究范式,分“尺度”、按“产业”选取古今中外10个生态文明建设方面的实践案例,分析其经验和教训,提出未来调整方向,以便更好地推广、应用它们。

① 巴兹(1934—2016),著名地理学家、生态学家,美国得克萨斯大学奥斯汀分校教授。

第一节　农业:人类生存的地球上有生命的产业[①]

农业和食品对人类的生存与发展是如此重要,但我们的农业和食品体系却问题重重。从全球尺度看,尚有8.5亿人终日不饱,15亿人因营养失衡而患上慢性病,同时又有另外15亿人因为营养过剩而患上肥胖及其引发的其他病症,他们的劳动力和智力得不到正常发挥;食品资本化、商业化和公司化,小农无法生存,只有高产的种子得以使用且为公司控制,导致农业文化多样性和农业生物多样性减少和被破坏,产生了许多自然和社会问题。在区域尺度上,许多发展中国家的农业由于技术鸿沟、资源衰退、环境破坏而农作物产量低下,粮食安全问题突出。还有部分发展中国家追求工业化以及工业化、化学化农业,造成农业生态系统极端污染和严峻的食品安全问题。

对以农立国、农耕文明引导社会文明的中国而言,上述两个尺度上的农业和食品体系问题都在我国存在。快速工业化、城市化占用耕地,粮食安全难题犹存;工业化和拼命追求农业产量的工业化、化学化农业导致严重的食品安全;资本密集型和利润导引型食品体系,导致小农无法生存,造成耕地抛荒、农村空心、乡村文明流失,等等。笔者把这些问题概括为农村经济难题、农村环境难题和农村社会难题(王松良,2012),这些难题的症结还在于农业的经营体制和组织方式出现了大问题。在我国,农业从来都不是一个完整的产业,经营主体和环节繁多,从生产者(土地)到消费者(餐桌),中间有批发商、加工商、零售商,食利者众。为了牟利,这些中间环节被他们用来对城市工商资源进行掌握与控制,一方面压榨生产者的利润空间,另一方面通过添加各类化学物,谋取不当利润,造成食品安全问题,威胁消费者健康,这也是增加社会忧虑,影响社会稳定的因素之一。

---

① 著名经济学家舒马赫(1911—1977)在其1973年出版的《小的就是美好的》中指出,农业与工业等其他产业不同,不能用大规模的机器加以操作,农业的规模必须是小的,农业技术必须是与人性互动的,他极力反对使用化肥、农药。

因此，要解决上述农业经济和环境问题，需要大力改革农业的经营体制和组织方式，无限缩短生产者与消费者的距离，这个农业新模式的承载者是当下全国上下方兴未艾的社区支持农业。要解决食品安全问题，就必须改革当下农业资源的利用方式，这个新农业模式的承载者就是在我国已存在几十年的生态农业模式。两者协同发展才能真正融合农村的一、二、三产业，理顺农产品的产供销关系，还农民以尊重，还食品以安全，还消费者以健康，还生态环境以清洁（王松良，2019）。

确实，自2009年第一个社区支持农业"小毛驴市民农园"在北京郊区诞生以来，社区支持农业在全国各地如雨后春笋般涌现。与此同时，20世纪80年代因为生态学的引进而落地中国的生态农业，经过30多年的资本冲击而无所作为之后，如今因为社会急迫需要而重获新生，真正按生态学原理和方法指导下的生态农业得到鼓励。社区支持农业和生态农业两者协同建设有望让中国生态农业复苏，食品安全问题得到解决，农业生态系统得到维护，给世界可持续农业提供一个好例子、好范式。本节就我国近些年兴起的协同社区支持农业和生态农业建设的4个典型案例给予介绍。

CSA与生态农业协同的意义

（1）CSA的内涵与发展意义

CSA起源于20世纪70年代的瑞士，并在日本得到最初的发展，后来传播到欧美，作为居民对都市农业的呼吁的一个实践和对城郊农民市场的一个提升。迄今为止，在农业模式中，CSA是唯一一种由农业生产者和消费者共同分担风险并共享健康收益的互助模式，弥补了现代农业商品化、工业化中农业消费者与生产者无限分离的问题。CSA具体指的是在一定区域范围内，消费者和生产者提前签订合约，为来年的食物预先付费，消费者与生产者共同承担低收成的风险，也共享丰收的回报，生产者会为消费者提供最安全和健康的食材。CSA最值得称道的内涵在于无论是参与的消费者还是生产者都了解它的核心理念，那就是重建人与人之间的信任网络，共担健康农业的风险和收益,恢复人与自然本应有的和谐。

CSA在世界和中国得以发展的背景:

第一,日益严峻的生态环境问题。在对“石油农业”弊端的讨论中发现“人口—资源—环境”结构危机实质上是人与自然关系的失调,人类面临着许多危及生存的生态问题,如大气和水体污染、土壤退化、海洋环境恶化、有毒物质激增等。《里约宣言》和《21世纪议程》等一系列主要文件的签订,确立了可持续农业的地位。这已不是一种选择,而是一种必然。寻求可持续农业的发展方式成为构建农业可持续发展体系的重要步骤。

第二,消费者呼唤安全食品。农业生态系统是一套精密、复杂且有生命的系统,包括人类在内,系统内的生物与环境和谐共生。严峻的生态环境问题,导致农产品中的有毒物质富集,食品安全受到影响,人体健康受到威胁,致使消费者越来越青睐生态相容、环境友好型食品,从而推动了CSA与生态农业协同发展。

第三,CSA让生态农业社会化。生态农业是一个自净体系的农业,出发点很好,但过去30多年由官方主导、农民自发,没有真正达到其效果。CSA的结合,让与食品休戚相关的广大消费者参与投资生态农业,让长期疏离自然、缺少根的城市人长期向往的安全、健康和新鲜的农产品成为现实,他们向往的简朴、充满人情与乡土的生活方式就在眼前。用一句话来表述,就是让生态农业社会化,也使农业资本改牟利为追求健康、安全、理解和尊重。还原农业的本来面目,让农业的可持续发展有明灯。

(2)生态农业的内涵与发展意义

生态农业是应用(农业)生态学原理和方法建立物质循环利用、能量充分高效利用的一类结构稳定和功能良性的小型农业。本质上,生态农业是一个“接口”农业,它尽量把农业系统内的生产组分“接口”起来,形成一个不依赖外部系统的“封闭”循环。比如在一个农牧生产体系中,可以利用“沼气”接口农业与牧业,形成一个“草—牧”食物链;菌、鱼也可以连上该食物链:沼水可以养鱼,鱼可以吃草,清理鱼塘废物可以用于肥草果;如果养牛,牛粪可以种植食物菌,菌渣可以养蚯蚓,后者是动物的高级饲料。

人们对保护生态环境和保持健康体魄意识的日益增强,对绿色农产品的需求量也与日俱增,不仅在欧美等主要市场,而且其他许多国家,包括发展中国家的市场份额也都在快速增长,为生态农业的发展提供了广阔的市场空间。其发展趋势表现为:

第一,数量不断增长。生态农业几乎遍布世界各国,从事生态农业的农场和在耕地中的比重都在增长。2009年,欧洲大概有4000个生态农业项目和40万基于CSA经营的生态农业农产品消费者。例如,85%的瑞典人愿为环境清洁支付较高的价格。市场调查表明,在大部分主要的有机品市场中,消费者需求量迅速增长,而在瑞士、丹麦、瑞典和英国等欧洲主要的生态农业食品消费市场每年消费量增长率超过10%(周斌,2009)。

第二,生态农业农产品产值快速增长。德国的生态农业农产品市场占整个欧盟很大份额,可以说德国是生态农业农产品的消费大户。由于人们对健康和环境的日益关注,越来越多的国家开始对生态农业农产品进行认证,将对未来生态农业的发展产生积极的影响。

总之,生态农业能充分利用农业系统内的物质,循环利用能量,能降低成本,会减轻对环境的污染,减少对土地的伤害,有益于生态系统的平衡;有机耕种有益于身心的恢复,消费者能避免食物中毒,能够吃到健康的作物;能改善本地的景观,促进更加可持续的农业生产方式;农户更加融入本地社区中,能有机会对消费者的需求作出直接的反应;有助于改善农民生活条件,增加农民收入,从而能够改善生产计划,使专注于农作的时间更多;有助于缩小城乡差异,使农户得到劳动力和未来项目计划上的帮助。

案例5:基于组织型CSA的北京小毛驴市民农园,让生态农业社会化

(1)小毛驴市民农园的诞生与发展

2008年初,当时还在读博士的石嫣女士来到位于美国明尼苏达州的"地升农场"(Earthrise Farm)学习社区支持农业,敏锐地察觉到这种新型农业对重建我国城乡居民互信关系和解决食品安全难题有重要价值。当年回国后,她在温铁军教授及其团队的协助下,在位于北京市海淀区郊区一块300亩的农地上建设了中国第一个社区支持农业农场——小毛驴市民农园,把生产者和消费者紧密联系在一起(王松良,2019)。

小毛驴市民农园是由中国人民大学与海淀区政府共建、以"市民参与式合作型现代生态农业"为核心的产学研基地,也是我国第一家规范运作的CSA农场。园区土地由海淀区苏家坨镇后沙涧村提供,具体运营管理由国仁城乡(北京)科技发展中心团队(归属于中国人民大学乡村建设中心)负责。2012年,产学研基地项目在海淀区苏家坨镇柳林村推广,国仁城乡(北京)科技发展中心与柳林村村委会合作共同启动了"小毛驴柳林社区农园",进一步探索城市和农村社区的互助模式。

小毛驴市民农园尊重自然界的多样性,采用生态农业技术和种养结合的种植方式;经营方式上采取CSA的经营理念,向城市居民提供蔬菜及农产品配送和土地租种服务;经营理念上努力重建城乡和谐发展、相互信任的关系,倡导健康、自然的生活方式(段玲玲,2013)。

小毛驴市民农园同时还推动少年儿童的农耕教育、农业技术研发、人才培养、可持续生活倡导和全国CSA网络建设等多方面的公益项目,发挥农业的多功能特性和多元价值,秉承社会企业的经营理念,以社会综合收益最大化为发展目标(赵晨,2017)。

(2)小毛驴市民农园的运作方式①

①劳动份额。劳动份额也称租赁农园,是指市民在小毛驴市民农园承租一块农地(30 m^2为一单元),并需要预先支付一整年的租金,农园为租种的市民提供种地所需的工具、种苗、灌溉水、有机肥等,还提供专业技术指导等服务,市民可选择自己在承租的菜地上种植蔬菜,产品完全归市民所有,或选择由农园代为管理种植,市民承担委托费用(管清,2017)。

市民与农园的合作关系有以下三种类型:a.市民需要自己打理农园,从播种到收获均由市民自主完成,称为自主劳动份额;b.市民只需要自己播种和收获,其他农活可以由农园代为打理,称为托管劳动份额;c.农园会按照市民的要求设计农作物的种植品种,并提供全面的管理和服务,收获的农产品也由农园负责配送到市民家里,称为家庭健康菜园(范子文,2013)。

②配送份额。配送份额也称蔬菜配送,是指农园的会员在一季播种初期预先支付下一季份额蔬菜的全部费用,农园根据计划和种植要求,生产出各种健康安全的农产品,按照约定好的时间配送到成员家庭。双方承诺共担生产过程中的各种风险。成员可以到农场参与劳动体验,并监督农场的生产,以确保农产品的品质(杜姗姗,2012)。小毛驴市民农园可供会员选择的预订配送蔬菜时间为半年25周或一年50周,每周1次或2次,每次配送的品种为8~10种,一般在每周的周三和周六配送。为保证新鲜度,农园都是在配送日的前一天下午采摘耐储存的蔬菜,配送当日清晨采摘叶菜。蔬菜配送的总量分为半年会员累计100千克、156千克、416千克不等,全年会员累计208千克、324千克和864千克不等,费用也各不相同,供应的方式分为配送到家、定点自取或到农园自取三种(范子文,2013)。农园为打消市民对蔬菜配送的顾虑,推出体验套餐,配送周期为单次、月和季度,每周1次;蔬菜的配送内容与定期会员相同;配送的蔬菜总量分别为单次4千克、月套餐16千克和季套餐48千克不等。农园为丰富会员的套餐选择,增加了自养柴鸡蛋套餐、散养柴

① 本节撰写参考了小毛驴农场的2017年年报,特此致谢!

鸡套餐和生态黑猪肉套餐等,受到很多市民欢迎。小毛驴市民农园为每份蔬菜准备了配送箱,并贴上会员信息的卡片。同时,农园每周制作《小毛驴市民农园CSA简报》,随蔬菜一起配送到会员家中,让不能经常来农园的会员了解农园动态。会员也可通过简报和信息卡反馈信息,实现增进彼此沟通交流的目的(石嫣等,2010)。这种产销方式将传统市场中生产者和消费者被割裂的纽带重新建立起来,缓解了食品安全压力,实现每平方米产值45元,5倍于常规农业产值,经济效益显著。

③互动活动。小毛驴市民农园的农业活动和节庆活动也是丰富多彩的,主要的节庆活动包括每年春天4月份的开锄节、夏季5月份的立夏粥和6月的端午节(端午节一般在五月下旬或6月上旬)、秋季10月份的丰收节。每个节庆活动,针对不同的主题内容,结合季节的变化和节庆本身的文化传统,呈现不同的特色。例如,开锄节主要突出农民一年的土地耕作开始,活动内容为劳动份额[①]会员到农园报到、按照抽签分地、开拓耕地,为一年的种植做准备;立夏粥沿袭立夏日喝粥的传统,活动内容为会员自带米豆杂粮等,集体煮“百家粥”;端午节的活动内容是包粽子;丰收节的活动内容是农产品采收、农夫市集和农产品展览(范子文,2013)。节庆活动之外,小毛驴市民农园还利用特有的农业环境与教育资源组织亲子活动,如木工DIY、自然农耕教育、亲子社区、会员回访日等系列活动,搭建亲子家庭农业教育的公共平台。

④农产品销售。小毛驴市民农园除了通过配送份额销售园区自产农产品外,还通过北京国仁绿色同盟(以下简称“绿盟”)——国内首个绿色生产合作社的联合体,引入“绿盟”成员的粮油副食产品进行销售。在销售方式上,不仅通过配送份额销售,还借助农园会员群体和社区工作基础,发起社区购买活动,例如成立于2010年的“回龙观妈妈团”、时安健康合作社等;2011年望京、月坛西街等社区也纷纷发起共同购买的社区团购活动。同时,农园引

① 劳动份额是指农园为会员提供一块30 m^2的农地以及耕种工具、种子、水和有机肥等,同时提供必要的技术指导等服务,会员完全依靠自身劳动投入进行生态农业耕作和收获。

入欧美的农夫市集销售农产品模式，定时定点举办农夫市集，招募的参与者一般是城市周边的农场或加工企业，在市集上集中出售当季的自产产品。在小毛驴市民农园的参与推动下，如今每周末有机农夫市集固定在市内不同地点举办（范子文，2013）。

（3）小毛驴市民农园的发展成效

小毛驴市民农园于2009年4月正式对外招募CSA份额会员。当年就有54个份额成员，其中劳动份额成员17户，配送份额成员37户。到2010年会员数量已达到660户，其中劳动份额120户，常季（6~11月）配送份额280户，冬季（12~5月）配送份额260户（王晓娟，2014）。该费用为1500元/期，租期为1年。配送份额是指由农园统一规划种植蔬菜，定期供应给份额会员农产品。供应频率为每周一次，蔬菜品种不少于3种，分20周配送上门；半年配送到家的份额费用为2000元，农场自取的费用为1400元，市区取菜点的费用为1700元（石嫣等，2011）。

宣传方面，农园通过组织消费者参观、到社区直接与消费者沟通、与北京市各环保组织合作组织活动，以及网络内部邮件的形式进行宣传。其方式都是基于最大限度减少农园与分散市民对接的交易成本，直接和已有组织形式的主体对接或者利用其网络进行宣传，运作过程表明，这些宣传方式比较容易取得消费者信任和支持。

运营管理方面，CSA分为种植和服务管理两方面。小毛驴市民农园的工人由当地农民和实习生两部分构成。当地农民负责农园的日常种植管理，依照农时合理分配地块和生产管理；服务管理则由农园的管理层和实习生完成，内容包括配送、制作简报、份额会员交流等。周末是CSA劳动份额成员前来劳动和市民参观农园的时间，据估计，小毛驴市民农园从成立至2011年已经接待游客8000人左右（石嫣等，2011）。

案例小结

小毛驴市民农园CSA运作能够在引进和创建后短短时间内受到社会不同群体的广泛关注，特别是各级政府、学者、大学生、媒体以及消费者广泛参与，并在全国各大中小城市郊区获得推广，这与同时期我国食品安全问题的凸显以及消费者对后者的关注有很大的关系。消费者普遍认识到，只有关注、帮助和投资农业和农民，才能获得安全的食品。所以，CSA不失为中国解决食品安全难题的可行路径之一。

此外，生态农业的本质是对农业资源利用方式的变革，只有它致力于把农业的生产组分“接口”起来，建立自净的生产体系，减少外源化能源的输入，节约成本，减少污染，才是杜绝食品安全问题的不二法门。但是生态农业的健康发展，不仅需要政府的政策引导和支持，还需要社会力量的参与，发展市民合作组织并进行良性引导。CSA与生态农业的协同建设，能扭转我国农业的不良循环，促进城市郊区农业的生态转型，解决农业的大问题。

案例6：基于家庭型CSA的福州佳美市民农园，让生态农业进入平常百姓家

（1）福州佳美农场的创建与发展

福州佳美农场位于市辖郊区闽侯县的白沙镇内，由福建农林大学农学专业毕业的魏长先生于2010年8月创建，毕业前魏长在学校的支持下创立有机农业研究协会，致力于组织大学生学习和研究有机农业。早在2013年中央的“一号文件”出台家庭农场扶持政策之前，“佳美市民农园”已小有名气，不仅因为它是福州最早创建的CSA，还因为创建者从城市回到乡村种地的大学生身份（被亲切称为“新农夫”）。佳美市民农园种植面积2 hm^2，均为梯田，其中种植各类蔬菜1 hm^2，五谷杂粮和水果1 hm^2。工作场地是租用的一座旧民房院子，院子地面经过混凝土简单硬化，无专业办公室，无冷库、配送棚。截至2015年1月，佳美市民农园发展成为4个家庭参与生产，拥有250户会员的CSA农场。佳美市民农园采用会员制，会员为配送份额，交纳一定的预付费用能收到每周两次的有机蔬菜配送。佳美农场没有配送车辆，配送环节采用

外包形式,农场没有冷库,所有菜品均为当天采摘配送。没有配送棚,所收获菜品经简单清洗、包装,周一和周四配送至市区。

佳美市民农园每月成本为48500元,主要包括土地租金1500元、生产者成本21600元、各类工具成本1000元、民房租金1500元、配送成本14400元、雇员工资7500元以及其他成本1000元。生产者成本占比最大,约为45%,其次是配送成本占比约30%,接下来是支付给雇员的工资占比约15%,配送成本占比过高。在佳美农场各项收益分析中,佳美农场主要收益来源是蔬菜的销售,在此之外农场提供其他不同类型的附加产品每月可获得8000元的收益,佳美市民农园平均每月营业额为72800元,平均每月土地产值为2430元/亩。

(2)佳美市民农园的发展成效

①有机耕作,安全生产。佳美市民农园因地制宜采取小型家庭农场的方式进行有机耕作,充分发挥每个家庭的积极性,丰富的菜色为消费者提供了更多样的选择。农园总负责人主要做好协调和组织工作,利用内部农人交流会进行有机耕作的培训和心得分享,引导农户科学有机耕作、合理安排农作,极大地促进农园的生产发展(陈碧芬等,2015)。

②城乡互助,公平交易。佳美市民农园以农夫市集为平台,与福州妈妈菜团等建立起有效的沟通桥梁。农园致力于社区支持农业的发展,从媒体报道到消费者实地体验,使消费者与生产者的距离逐渐缩小,逐步构建多重信任体系推动公平贸易。社区支持农业通过消除中间人,创造消费者与生产者间的沟通机会,不仅能够稳定农场,同时增加农户的利润,并带动资金流、信息流,带动农户的成长,推动城乡互助,农户的生活得到明显的改善、生活逐渐富裕起来。

③生活低碳,生态文明。佳美市民农园以有机理念为立足之本、发展之基。有机农业是一个低碳产业,在循环利用上也作出了新实践,秉承生产有机食品,坚持有机生活的理念前行。佳美市民农园支持福州三盛果岭社区推动垃圾分类试点。通过厨余垃圾换取有机蔬菜,鼓励厨余垃圾单独分流和资

源化利用,为城市减负,构建生态环保环境。这既符合可持续发展理念,又是生态文明的具体实践(王松良等,2014)。

(3)家庭型CSA需要克服的障碍

①蔬菜价格高,产品受众小。我们了解到福州市区永辉超市和一些菜市场的蔬菜价格,普通蔬菜的价格在2~7元/kg,而有机蔬菜的价格平均要比普通蔬菜高上一两倍。而且农场配送的蔬菜价格较高,让很多市民望而却步。通过其他文献,我们可以认为城市中等收入群体的兴起与CSA等生态型都市农业的发展具有很强的相关性。在对福州市佳美农场会员的调查中,不难发现,87%的会员收入水平高于福建省在岗职工平均工资。而一般社区居民按照自己的人均年收入都会认为该价格偏贵,不愿加入CSA,说明佳美农场的消费群体狭窄,只有少数收入处于中高收入水平的消费者才购买农场蔬菜,CSA农场的需求不足。

②消费者对CSA农场生产者信任程度有待提升。首先,城市中的大多数居民都是风险的规避者,考虑到农业种植风险,不愿将资金提前支付给农民,因此要让城市居民与农户共担风险存在很大的困难。其次,市区居民的环保意识有待增强。一些调查报告显示,市区居民的环保意识还处于中等水平。CSA作为生态农业的一种类型,在保护自然生态、应对农业污染、提供健康生活方式等方面发挥了积极的作用,但当前并未得到居民广泛接受。

③有机认证成本高昂、手续繁杂,小农户难以承受。首先,我国有机食品种类繁多,但与有机食品认证的相关检测、产地环境标准等不健全。截至2014年底,国内有资格从事有机食品认证的机构有21家,且这些认证机构在规模背景、认证标准等方面有很大差异,整个有机食品认证体系还很不完善。其次,对从事CSA生产的农民来说,想要通过有机认证非常困难,国内的有机食品认证手续复杂,认证所需周期长、费用高,普通农户根本难以承受。

④CSA发展融资困难,规模难以扩大。CSA项目的投资和融资渠道都比较单一,项目经常面临资金短缺问题。生态农业前期进行的土壤改良,是在

偿还过去几十年依赖农业化学对自然环境尤其是土壤造成的生态欠账，有人认为政府应该补偿CSA农场的经营者。而实际情况是，当前CSA模式发展中，只是农场会员群体支出一笔预付款项，为CSA农场提供流动资金支持。社区支持农业如果由生产者发起，则生产者要自行筹集项目资金，负责组建团队和寻求客户，与客户协商确立生产目标。佳美农场项目创始资金为8万元，由农户个人出资。由于项目性质为农业，生产有一定的风险，同时收益率低、资金回收周期长，有很多人不看好农业项目，不愿意投入资金。另外，当前金融机构中的小企业抵押担保体系不健全，CSA项目很难得到银行的贷款（张安琪，2017）。

案例小结

社区支持农业在国内仍然属于新事物，在发展过程中存在着诸如有机蔬菜价格较高、缺乏有机认证、配送困难等问题。同时，在消费者层面存在着消费者对有机农产品认识不够、环保意识不强、对CSA生产信任不够的问题，使得CSA农场的市场难以扩大，阻碍了CSA的发展。在政府层面，政府往往把保障粮食生产作为紧要任务，缺乏支持CSA发展的专门政策，配套设施也比较不完善。CSA项目很多都是由生产者发起的，而小农户在资金方面往往比较缺乏。因此，CSA农场必须着力于降低成本、更加鼓励会员以及社会公众参与、扩大宣传，打造自身的品牌特色，吸引忠实的消费群体。政府相关部门有必要为CSA发展清障搭台，采用税收、补贴等方式扶持CSA农场的发展。而相关金融机构也需要优化原有的融资方式，为CSA等微型项目、涉农项目提供资金帮助。当前我国民间资本潜在数量巨大、启动灵活，在发展现代农业方面发挥着积极的作用，应该深入发掘“草根金融”潜力，政府相关机构应该尽快完善审批等相关制度，保护和支持民间资本投向生态农业、休闲农业领域，学会用好民间资本，发挥其作用。佳美农场的发展可以说是风雨兼程，它就像一棵生命力顽强的“南瓜藤”，生产者是南瓜藤上的“叶片”，他们之间既相互独立,又团结合作,紧密相连;消费者是南瓜藤的"根",消费者与生产者之间的关系,是根与叶的关系,他们彼此相爱。

案例7:基于公司型CSA的泉州西畴市民农园,让生态农业投资资本社会化

(1)西畴市民农园的创建

泉州西畴农业有限公司创办于2010年,位于丰泽区华大街道新铺社区。无公害蔬菜基地位于草邦水库脚,占地120亩,养殖基地位于小阳山青阳室,占地180亩。

泉州西畴农业有限公司引入CSA之前已是一家富有社会责任感的农业公司,它以农产品的无公害为原则,尽量少用或不用化学肥料和农药,标准化组织生产。2013年前后,公司聘用福建农林大学农学专业毕业的阙志龙先生为农园生产负责人,开始以CSA形式经营农园,更加注重低碳投入,分区生产和加工,积极发展会员,建立组织规范的配送制度。同时,农园通过开辟传统农具、农艺展示区,现代农业示范区和劳动生产实践区,尽可能多地提供机会让会员及其家人利用空余时间与大自然绿色空间亲密接触。会员发展十分顺利,达到2000多户。农园开展多样性经营,发挥农业的多功能价值,取得社会各界广泛认可,先后获得"福建无公害农产品蔬菜基地""福建省城市副食品调控基地""蔬菜安全卫生可追溯示范企业""农残监测点及物价成本监测点""全国青少年农业科普示范基地""泉州市科普示范基地"等称号。公司着力构建都市型现代农业生态园区,引进种植名、优、特果蔬品种,养殖地方的禽、畜,加工纯正花生油,提供卫生、安全、无公害的健康食材。

(2)西畴市民农园的发展模式

①农园体验旅游。田园农业旅游模式是西畴市民农园发展过程中的主要旅游模式。该模式主要以实现闽南区域特色农业生产展示为目的,让游客

欣赏田园景观，在乡村环境中切身体验农业游。如林游、牧业游等旅游活动，使城市游客充分体验到乡村田园旅游的感觉。

②民俗风情旅游。民俗风情旅游是指人们离开常住地，到异地去体验当地民俗的文化旅游行程。民俗文化作为一个地区、民族悠久历史文化发展的结晶，蕴含着极其丰富的社会内容，由于地方和民俗特色是旅游资源开发的灵魂，具有独特性与不可替代性，因而从一定程度上来讲，民俗旅游属于高层次的旅游（李娜，2013）。旅游者通过民俗旅游活动，亲身体验当地民众生活事项，实现自我完善的旅游目的，从而达到良好的游玩境界。泉州西畴市民农园主要依托当地的民族风情，为外地游客展现丰泽区当地的风土人情。民俗风情旅游模式强调农耕文化、民俗、民间技艺及歌舞等特色项目，既是对当地民俗风情的展示，更是对民族文化的传承与弘扬。

③农家乐模式。随着经济的不断发展、生活水平的逐步提高，人们越来越渴望回归自然以获得身心的愉悦，生态农场已成为最为流行的休闲农业旅游模式之一。西畴市民农园开展农家乐旅游，以当地乡村风光的观光旅游为主，以当地丰富的深加工农产品资源等为游客提供多彩的旅游体验。农家乐模式因其低廉的价格深受游客喜欢，且其低投资和低经营成本的特点受到多数农民的青睐，经营效益良好（王金福，2017）。

（3）西畴市民农园的发展成效

西畴市民农园成立于2010年，招贤纳士聚集了一批有着丰富的农业经验、长期服务“三农”工作的人，他们大都出生于20世纪五六十年代的农村，“文革”期间回乡劳动，恢复高考后就读于农业院校，有着一定的文化底蕴。公司还吸引了一批刚从农林院校毕业的年轻人，他们有激情、有干劲，有志于发展我国农业事业，在各自的岗位上发挥着聪明才智，一心服务于现代生态农业。同时，西畴市民农园还推出鲜菜配送服务，穿梭于市区的配送人员成了一道亮丽的风景。吃在当地、吃在当季的配送服务理念和方式深受市民赞许，也因此吸引了大批会员。市民农园按人体日常摄取的营养元素所需和会员自身需求,量身定做,科学搭配品种,虽然配送的只是一筐蔬菜,但送出的更是一份绿色健康的理念。目前,泉州西畴农业有限公司已获得国家和省级农业部门认定的无公害证书(郑妙玲,2013)。

案例小结

发展生态农业应该结合地域特点,形成品牌效应。泉州西畴市民农园所处的自然环境具有独特性,其自然环境在不同区域体现出差异化特点。在发展生态农业的过程中要始终以区域特点为前提,依托其农业发展的自然环境进行开发建设。在农园开发过程中,也应突出地域特色,形成相互呼应的区域空间,打造特色生态产业园区。在开发与建设生态农业过程中,要与时俱进,与时代特点紧密结合,关注市场动态和方向,满足游客的实际需要,并结合农业经营特点进行有效引导,促进品牌效应的形成。在生态园的建设和发展中,应注重多方资源的开发,既能充分满足游客对生态、旅游的基本需要,还能促使其全面了解当地文化特色,品牌效应其实已在此过程中形成。

这种方式能促进生态农业园的长期稳定健康发展,且可以在遭遇困境的过程中迎难而上。把握好科学理念,也能够指导生产经营,最终对经营理念的掌握至关重要。只有具备科学、长远、合理的发展理念才能促进生态农业产业更好发展,也只有基于明确理念才能使生态农业产业园明确自我特色,这样也容易帮助农业园在众多竞争者中脱颖而出。生态农业产业园坚持汇集中华优秀传统文化的精华,把握“天人合一”的思想理念,形成一种十分珍贵的人与自然之间的融合,规划多种形式的“生态”活动,同时也开发实施了不同形式的试验项目。游客通过亲近大自然,充分享受大自然带给自己的愉悦感与亲近感,这除了满足游客的享受体验外,也能够从潜移默化中培养游客保护环境的意识。

案例8:基于稻田养鱼的福建罗源乡状元竹海庄园简易生态农业模式

(1)福建罗源乡状元竹海庄园简介

乡状元竹海庄园是福州市级休闲示范点,位于畲族村——罗源县飞竹镇官路下村秀岭自然村,四周群山环绕,竹林密布,天然溪流穿项目规划区而过,常年流水不断,拥有得天独厚的自然资源,这里有丰富的天然高山湿地景观资源和良好的湿地生态系统。森林覆盖率达到90%以上,规划建设飞竹高山湿地农业休闲旅游综合体,包括几大功能园区:千亩百竹观光园、千亩田坎风光园、千亩村经济园、千亩生态湿地园、生态林地观光休闲园等。首期规划面积6000亩,目前,已完成千亩百竹观光园、千亩田坎风光园、四季果蔬乐摘区、观赏花卉种植区、稻田养鱼休闲区等项目建设。其中300亩的稻田养鱼项目是整个项目的灵魂,也是本案例叙述的中心。

(2)稻田养鱼生态农业的生态价值

稻田养鱼是循环经济型生态农业的典范,在我国有着悠久的历史。据记载,汉朝就已出现稻田养鱼。2005年5月16日,我国“稻鱼共生,合为一体”的稻田养鱼技术被联合国粮农组织列为五项世界重要农业遗产系统之一(梁芳,2015)。在迫切需要合理利用农业水土资源、改善农业生态系统的今天,这一古老的农业系统在融合了当代科学技术的基础上再度兴起。

稻田养鱼是人工的稻鱼共生生态结构,将种植业和养殖业结合起来,把两个生产场所重叠在一起,充分利用这个生态环境,发挥水稻和鱼类共生互利的作用,获得稻鱼双丰收。稻田养鱼后,有利于稻田灌溉,防洪抗旱,有利于调节稻田的地温,增加溶解氧,促进微生物生长,加速有机物分解,使土壤养分转化率提高,增加水稻分蘖数,提高稻谷产量(彭作生等,2008;王雨林,2009)。

稻田养鱼有如下的生态农业功能:

自然除虫。水稻的害虫,如螟虫等,在生活过程中要经过水体再到稻苗的茎叶上,在它们经过水体时鱼就会将其吞食消灭。其他如稻飞虱、浮尘子等在稻叶上为害的昆虫,当它们坠入水体时,也成为鱼类的美餐,减轻了稻禾的虫害。

自然除草。鱼吃掉田中的草芽、草籽及一些水生植物(如眼子菜、浮萍等),有助于稻田除草。养草鱼、鲤鱼、鲫鱼的稻田,平均每亩可减少2~3个除草工,特别是冬闲田养鱼,除草效果更为明显。

生物保肥。鱼将田中的浮游生物等作为饵料吃下,使浮游生物不致随水流失,若干水生昆虫也不能羽化飞走,达到为稻田保肥的目的。

生物增肥。鱼类粪便及其他排泄物直接起到肥田的作用。1977年,西南师范学院(今西南大学)与四川省青神县水电局测定稻田养殖鱼类肥分指标表明:鲢、鲤、草、鲫四种鱼类粪便中氮磷含量优于猪、牛粪,与人、羊粪基本一致,仅次于鸡、兔粪。

有机耕作。鱼类在稻田中来回游动觅食,翻动泥土,使田土疏松,促进肥料分解,也促进稻谷的分蘖和根系发育。

案例小结

总之,通过发挥稻田养鱼这个至为简易的农牧结合的生态农业模式,吸取我国传统农业的优秀精华,与应用(农业)生态学的最新原理和方法结合,构建一个最简洁的生态农业模式,以带动公司对整个村落的生态产业开发和生态环境保护。作为一个简洁的生态农业模式,稻田养鱼最吸引人的地方在于其可立竿见影地减少稻田化肥和农药的用量,直至达到有机稻作的程度,且同时增加鱼类产品,有效增加经营者的收入(公司通过互联网营销方式,让其稻米和稻花鱼成为家喻户晓的品牌,大幅度提高其附加值),为广大中国农业和农村紧迫的农业生态转型提供可行、可复制的案例。

第二节　工业:回归生态文明的方式

案例9:德国鲁尔地区的工业区改造

(1)改造的历史背景

鲁尔工业区是德国最大的工业区,它是德国乃至欧洲地区的工业命脉,同时是全球工业区必不可少的重要组成部分。位于北莱茵-威斯特法伦州西部,占地面积约4430 km^2,覆盖人口约540万,约占全国人口的6.6%(霍奇峰,2013)。随着物质水平的日益提高,工业迅速发展,该地区成为德国煤炭和钢铁的主要产地之一。

自19世纪中叶以来,鲁尔工业区一直被重工业主导,如煤矿、钢铁、化工和机械制造业。因此,该区域在当时可以说是德国的重型工业、煤矿和钢铁的制造中心。这三个主要产业的产值,曾经占了该地区总产值的60%。20世纪50年代,由于世界范围内的石油和钢铁行业的竞争,鲁尔工业区爆发了一场为期10年的煤炭工业危机。原始的重工业采矿、钢铁、煤炭工业和重型机械控制在矿区越来越多地受到不法行为的影响。到处都是分散的废弃矿和巨大的空置建筑,鲁尔区不再是宜居的生活区。在面临经济衰退的情况下,鲁尔选择发展、综合整治和更新地区,改变原有的单一经济结构,以多元化、综合的方式发展区域经济。目前的鲁尔区是经济全球化、科学技术创新、区域调整作用下的全新产物(冯春萍,2003)。

(2)改造路径与成效

①以传统工业为基础,为充实、调整区域产业结构发挥合力。德国政府在吸取过去经验教训基础上,对环境保护、工业结构和土地利用等方面进行广泛论证和总体规划,下大决心对鲁尔区的经济和社会结构进行调整。联邦、州和市三级政府共同参与鲁尔区的改造工作,成立鲁尔区最高规划机构——鲁尔煤管区开发协会,形成合力,统一指挥(辜胜阻等,2014)。鲁尔区

是德国许多大企业总部聚集地,企业产业结构的性质和变动在很大程度上影响着区域产业结构的特点和发展。长期以来,煤和钢一直是鲁尔区发展的两大支柱产业,因此这两大产业陷于危机便直接导致鲁尔区经济结构的老化,并使鲁尔区的经济发展速度明显低于全国平均水平。从20世纪60年代开始,鲁尔区在国家的资助下,对企业实行集中化、合理化的改造。煤炭生产就集中在7个大煤矿中,钢铁产业也同期进行设备更新和技术改造,加强企业内部和企业之间的专业化和协作化。改善鲁尔区的投资环境是联邦、州政府及鲁尔煤管区开发协会的共同目标,他们鼓励新兴工业迁入。目前大多技术精良的中小企业已遍及全区,其中最有名的是欧宝汽车厂,在一个已关闭的矿井旧址上,发展成拥有20多万员工的世界最现代的汽车厂之一。石油提炼和石油化工已成为化学工业中的主导产业。第三产业有如雨后春笋般兴起,服务业完善,服务网点遍及各城市每个角落(刘颖,2007)。

②区内生产力布局的调整。鲁尔区原先的产业布局以接近原料地为原则,在20世纪60年代区域总体规划中提出了划分三个不同地带平衡全区生产力布局的设想,并规定在布局新企业时首先考虑安排在边缘发展地带,有计划地从核心地区向外缘迁厂(周永波,2006)。同时,根据实际情况,对传统产业实行关、停、并、转,尤其以钢铁工业的调整最明显,1998年两大钢铁巨头蒂森钢铁公司和克虏伯公司强强联合。鲁尔区区域结构的变化同样集中体现在其城市的职能演变上,鲁尔区是一个人口和城市的密集地区,城市的发展经历了单一煤矿城市—钢铁城市—化工城市—综合性城市的发展道路;城市规划也从早期的杂乱无章的无规划状态向全面规划的现代化城市发展。在区域更新过程中,许多城市从原先的单一职能演变成为一专多能的综合性城市,其中埃森、多特蒙德和杜伊斯堡人口在50万以上,构成了一个多中心的莱茵—鲁尔城市集聚区,人口超过1000万,为世界主要大城市集聚区之一(周永波,2006)。

③培育新兴产业,发展文化旅游。鲁尔区一方面积极发展医药等高新技

术产业，同时利用老工业基地另辟新路发展工业文化旅游，开发了一条被称为“工业文化之路”的旅游线路，多种类型的后工业景观公园如同一部反映煤矿、炼焦工业发展的“教科书”，带领人们游历150多年的工业发展历史。工业文化旅游已经成为鲁尔区经济转型的标志(王志成，2014)。

从景点开发模式来看，大致有四种具体模式。一是博物馆开发模式。最典型的是将一个建于1854年的老钢铁厂改建为一个露天博物馆。二是休闲、景观公园开发模式。蒂森公司将1985年停产的一家企业改造为以煤炭、钢铁工业景观为背景的大型景观公园。三是购物、旅游相结合的开发模式，即在工厂原址新建大型购物中心和娱乐中心。四是传统的工业区转换成现代科学园区、工商发展园区、服务产业园区。区域规划机构制定了连接整个鲁尔区的旅游景点、国家级博物馆等25条旅游路线，被称为“工业遗产之路”(周永波，2006；谭鑫，2010)。

从工业向生态服务产业转型的模式包括：

一是科研支撑产业转型。在新形势下鲁尔区采取了系列改革措施：首先是加快科研成果的转化、应用；其次，把教育与经济发展相结合，改革传统教育，创立新兴学科，州政府试图将鲁尔区建成“欧洲高等院校区”(任晶，2008)。在发展新技术的同时，全面改造传统工业，如建立科学技术革新的信息中心，优先向中小企业转让技术等，大大加快了将科学技术转化为生产力的步伐。鲁尔区已发展成为欧洲大学密度最大的工业区。除了专门的科学研究机构外，每个大学都设有“技术转化中心”，形成了一个从技术到市场应用的体系。

二是完善管理，重塑田园都市风光。为了治理鲁尔区的环境污染，州政府统一规划，先后设立环境保护机构，颁布环境保护法令。首先，改造河流，建立完整的供水系统，设立微生物净水站。其次，建立烟囱自动报警系统，使大气污染得到了有效的控制。

三是进行大规模的植树造林，营造“绿色空间”。现在，鲁尔区所在州拥有1600多家环保企业，成为欧洲领先的环保技术中心（付天海，2007）。对于人文资源与人居环境，鲁尔区一方面通过努力改善当地的自然环境及其生态状况，为新型经济的发展创造适宜的物质空间环境；另一方面通过产业结构转化过程中必要的人文关怀，为新型经济的发展创造良好的社会人文资源，提供必要的人居环境。从投入巨资长期致力于埃姆歇河流域的环境污染整治和自然生态恢复，到通过建立完善的社会保障制度维持产业工人住家，甚至包括失业人员的基本生活质量，再到发展福利房、自建房、合作建房等新型房地产业，凡此种种，无不体现出鲁尔区在转型过程中的人文和宜居关怀。

总之，调整和改造后的鲁尔区不再是衰落的工业区，而是保持继续发展的强劲势头。1989年，德国慕尼黑经济发展研究所对欧洲共同体11000家企业和区域研究专家的调查结果表明，鲁尔区是欧洲产业区位条件最好的地区之一（哈静，2011）。鲁尔区区域整治的经验表明，传统工业区的改造和建设只有不断创新，与时俱进，才能充满活力，走上重新振兴之路。

案例小结

老工业区的改造对于在此工作的人来说是一段痛苦的回忆，这里是他们追寻梦想的地方，是挥洒青春热血的地方，是完成了人生各种角色转变的地方。但留给他们更多的是失望，在转型的那一刻很多人一辈子追寻的梦想随之破灭，留给后人的只是一堆不再有生命的钢铁废物。生态的恢复是两个层面上的问题：一是阻断污染源，二是通过人为或自然的手法进行有害物质的降解。鲁尔区的工业区的生态改造，其最大的特点在于隔离与恢复的平衡。对于污染严重的区域采取完全隔离方式，采用硬质的材料进行包裹、掩埋，但在掩埋体之上都进行了处理，在其上采用覆土的方式进行植被恢复。在前期的修复过程中，隔离区与恢复区界限严格，但在表面的景观处理上是无缝衔接的，形成了一个完整的景观生态系统。这对正处于旧型工业到新型工业转型期的我国有很大的启示作用。

案例10:加拿大东海岸新斯科舍的工业园区

(1)生态工业园的含义

生态工业园是建立在一块固定地域上的由制造企业和服务企业形成的企业社区。在该社区内,各成员单位通过共同管理环境事宜和经济事宜来获取更大的环境效益、经济效益和社会效益。整个企业社区能获得比单个企业通过个体行为的最优化所能获得的效益之和更大的效益(王向丽,2009)。生态工业园是继经济技术开发区、高新技术开发区之后的第三代产业园。它以生态工业理论为指导,着力于园区内生态链和生态网的建设,最大限度地提高资源利用率。

生态工业园的目标是在参与企业的环境影响最小化的同时提高其经济效益。与传统工业园区的“设计—生产—使用—废弃”生产方式不同,生态工业园区遵循的是“回收—再利用—设计—生产”的循环经济模式(刘洪辞,2011)。它仿照自然生态系统的物质循环模式,组建使不同企业间的资源共享和副产品互换的产业共生系统,使上游生产过程中产生的废物成为下游生产的原料,达到资源的最优配置(李明明,2013)。

(2)新斯科舍的生态工业园区的历史背景

1995年以来,在多伦多市波特兰工业区,一直都在进行生态工业园区的研究工作。这期间,位于东部新斯科舍省首府哈利法克斯市的伯恩赛德生态工业园,由戴尔豪斯大学协助领导开发,参与企业以会员制的方式,提供本身的资源与信息,以利于资源循环利用,现已发展成为占地面积2500英亩、拥有1300多家生态产业链企业、30多种行业、雇员总数为18000人的大型园区,并已经成为加拿大生态工业园中致力于改善环境绩效的典范(韩玉堂,2009)。

该园区有18家印刷厂、21家涂装与涂料流通企业、17家化学公司、20家计算机组装与修理企业、25座汽车修理设施和17家金属加工公司。该园区有家具制造公司、塑料薄膜与纸板制造公司和电讯企业(吴松毅,2005)。园区内也包含种类繁多的食品服务、健康服务、通信、建筑、零售和运输等行业的工商企业。

伯恩赛德生态工业园是在加拿大新斯科舍省达特默思市的城市发展计划中指定的商业与轻工业带中建立的。园区内产业链企业分属于印刷、石油、化学、计算机制造、机械和金属加工等行业,同时还有建筑、通信、交通等行业,这些不同的行业,存在多种原材料、产品和副产品,总能找到一家企业成为其上、下游的合作伙伴,物资在多个行业间流入和流出,客观上促进了生态产业链系统的形成。

伯恩赛德生态工业园现在仍有许多新的产业不断进入,大力增加不同产业的企业相互利用副产品的机会。为了使生态产业链系统更加完善,园区内建立了企业环境孵化器,专门扶持中小企业的发展。此外,政府和园区的经营者鼓励企业发掘副产品新用途,同时制定政策帮助企业利用其他企业的副产品。十几年的发展使得园区内副产品交换网络已趋于完整,平等互利型的生态产业链系统已基本建立,能量的梯次流动和废物的循环利用在园区内已普遍出现。

(3)新斯科舍的生态工业园区的发展展望

食物链和网的存在与维持是自然生态系统的基本特征之一。在工业生态系统中,产品与决策链和网对工业生态系统的运行至关重要。因此,制定相应的政策和构建相应的机制来维持链和网就显得十分必要。工业园生态系统的有效功能取决于园区和周围社区内能量和物质的流动,而信息管理系统必须便于能量和物质的流动。

在伯恩赛德生态工业园有四个与信息管理系统(ECO-PARK)连接的联络点或中心,均面向不同类型和数量的材料。研究表明,在伯恩赛德生态工业园,包装材料的废弃量最大,大部分可以经过改造后重复利用。为此,园区建立了“包装重复利用中心”,以组织和改造由纸板、塑料等制成的包装材料,以便重复利用,该中心的目的是将该园区内部的包装材料再流通起来,这就是信息管理系统的第一个联络点。

从伯恩赛德生态工业园的工作中可看出，大多数中小型企业没有环境管理计划，以及解决各自废物重复利用的途径所需要的基本信息。尽管多数企业已经开始实施减少对园区总体环境影响的计划，但局面并没有迅速扭转。因此，伯恩赛德生态工业园要作为工业生态系统运行，就必须有来自工业园管理层的长期承诺，组织协调园区内部的基本功能，只有这样，园区的完整性才能得到加强，工业系统才会向理想的工业生态系统模式发展（柯金虎，2002）。

案例小结

伯恩赛德生态工业园是为园内的企业提供有关废物削减、污染预防和清洁生产的信息而设计的，也考察了工业生态学原则在现有工业园中的应用。伯恩赛德生态工业园让我们看到可持续发展的前景，我们应该借鉴其工业共生体系原理，根据自身特点，分类指导建设生态工业园区，将生态产业纳入国民经济的整体发展战略，建立可持续发展的产业格局，建立促进生态产业技术健康发展的新机制，推动经济持续发展。生态产业及其技术目前还处在幼年期，发展时间较短，国家应制定全局性发展规划，确立生态产业技术的发展目标和发展重点，有计划、有步骤、多层次地大力扶持与引导实施，逐步建立生态产业可持续发展的研发、创新、服务体系。生态产业技术体现了可持续发展的理念，代表了工业的发展方向。生态工业园将成为未来工业园的发展方向。

第三节　食品体系:加拿大大温哥华地区的大学参与重建在地食品体系

案例11:英属哥伦比亚大学(UBC)旨在为教学和社区服务的可持续农业农场

UBC是世界知名大学,和北美其他知名大学一样,UBC创立最早的学院或专业也是农、林两个学院(含系列专业),它们不但是UBC创立时的起始学院,而且在北美著名大学中位列前茅。2000年之前,UBC的“农学院”英文名称是“Faculty of Agriculture Sciences”,是地地道道的“农学院”,之后改为现在的名字“Faculty of Land and Food Systems”,中文称为“土地与食品学院”,并在改名后创建了加拿大大学的第二个“农业生态学”本科项目(第一个农业生态学项目在曼尼托巴大学农学院,创建于2005年),至2010年由于招生数目不足改名为“环境与可持续农业”[①],可见,UBC的领导层很早就意识到破碎的学科设置对农业教育和人才培养,乃至农业和社会带来的问题,认为农业学科综合和培养具有整体视野的人才对未来农业具有重要意义。与此同时,将距校园不足2千米的政府赠地作为试验地设立了UBC可持续农业农场,放弃常规的农业耕作方式,改为有机耕作方式,服务于UBC的农林业教育和UBC所在的社区居民。笔者2018—2019学年在UBC农学院访学期间,对该农场的定位、学术研究、教学任务和服务社区的食品体系做了深入考察和访谈,了解到如下的情况:

UBC校园的可持续农业教学农场离校园不足2千米,占地44公顷,作物

① 笔者访谈了UBC农学院许多教授,2018年12月14日接受笔者访谈的该院威特曼教授说,把农业生态学专业改为“环境与可持续农业”后,该专业的招生数量依然不足,甚至比原来还少了,而且失去了来自农村农场的生源。

生产和林业用地各22公顷，但全部归农学院管理(农学院设立可持续食品系统研究中心这样一个研究机构来全权负责和经营农场，该中心提供广泛的跨学科学习、研究和社区计划)，其核心任务都是本科教育，接受访问的马修经理告诉笔者，农场的“教育”涵盖本科专业、课程教学和研究生教育，也接受博士后研究用地申请(因为教师的科研项目需要博士后和研究生来参与，这需有机处理教学与科研的关系)。农场的教育任务也面向社区，经常性地举办一些社区的儿童教育(比如夏令营)以及在地化知识培训，农场还划出一小块地运作CSA、第一民族菜园和每周三次农夫市场(周四、周六在农场内部开展，周三到UBC校园举办)。可以说农场既是大学的，也是社区的。最值得称道的是，农场100%执行有机耕作，这里没有化肥和农药的概念。结合课堂是三个梯度的农业生态学教学和基于UBC可持续农业农场的实践教学，实现农场管理者，也是该学院日裔院长亚达教授提倡的“培养系统思维，提供可持续农业的知识和技术”的目标。[①]

案例12：昆特兰理工大学(KPU)的新农夫培训学校和农夫市集

KPU位于大温哥华地区列治文市的中心，原来专门培养理工科的技术和工程类人才，由于其敏感地意识到都市市民对都市农业的健康、安全、新鲜食品的需要，2010年创立了园艺学院。其中设立了可持续农业本科项目，在列治文市市中心废弃地申请了一块农业用地，以及在郊区有两个合作新农夫培训学校(列治文农场学校和杜华逊农场学校)。专业教育要依托学院进行，课程实习和毕业实习就在上述实践教学基地进行。两个农场学校招收大温哥华地区的居民，但不用交学费，学员需要自己义务劳动，毕业后在学校当志愿

① UBC学院都出版自己的学院通讯，农学院的学术通讯称为“Reachout”，一季度一期，每期当任院长都在上面撰写前言，表达学院的教育与研究期望。亚达也接受了笔者的访谈，表达了同样的愿景。无独有偶，当被问及“农业生态学在中国农业生态转型中的意义”时，2018年12月14日接受我访谈的该院威特曼教授也强调培养“理解整体食品体系问题的，具备整体性思维的农业人才”。

者,对新学员进行教学。专业的研究开发和管理则依托于该大学的可持续食品系统研究所,该研究所还开发了一套"大温哥华地区的可持续政策数据库"[1],一切工作都围绕这个大温哥华地区的可持续食品系统而开展。为此,该大学同意学院每周在列治文市各个地方定期举办农夫市集,服务从事可持续农业的农户和消费者。(UBC农场的农夫市集不在市内举办,但是市民会慕名而来)

案例小结

现代大学的功能是多位一体的,人才培养、科学研究和社会服务三大功能都涉及如何与社会对接问题,著名研究型大学UBC和服务社区经济的KPU都没有忘掉自己的角色。在全球食品体系越来越不可持续的今天,大学应该着重培养能够发掘与自然有密切关系的知识体系,也能应用它们开发出可持续技术并应用这些知识和技术的人才。在急迫需要重建可持续农业体系的今天,这两所大学给我们的大学树立了学习榜样。

第四节　建设生态社区,让城乡融合发展成为可能

案例13:美国洛杉矶市的克莱蒙老年生态社区

(1)生态社区概况

克莱蒙地处洛杉矶市区东面的圣加布里埃尔山脉脚下,这里百年前还是寸草难生的沙漠,如今这座不到3万人的小城却拥有2万多棵树,被美国有线电视新闻网评为全美宜居城市第五名。城市核心区有7所高校,因而得名

① 笔者2018年8月份应邀参加了该研究所主办的一个"Place-based Food Systems"国际会议,会后访谈了该专业的创立者和中心主任,获得第一手的信息和资料,研究所开发的数据库网站为:http://www.kpu.ca/isfs/foodpolicydatabase/development.

“博士和树的城市”。克莱蒙一直秉承建设可持续发展城市的理念,倡导绿色经济,发展绿色产业。“朝圣地”老年社区就坐落于此。“朝圣地”成立于1915年,正名为“持续关怀老年退休社区”,占地32英亩,有350家住户,年龄从65岁到102岁。申请者必须年满65岁,并曾经在非营利机构工作过15~30年以上。退休老人在这里不仅享受着南加州宜人的气候、优质的设施和贴心的服务,更重要的是他们通过共同创建自己的家园,践行环保理念,追求人类共同的福祉,在这里度过与众不同的晚年。

在社区布局规划上,“朝圣地”横跨四个街区,绿树成荫,四季花团锦簇。社区内的租住地分为三种类型:168个单独豪华的独立户院,供尚有劳动能力且夫妻双方都健在的退休居民租住;31个套房(不带花园)和4栋公寓建筑,供有劳动能力,可以自己打理生活的住户居住;55个辅助护理单元和68个配有专业医护和康复师的床位,供生活需要照料的老人居住。社区公共设施包括居民活动中心、社区礼堂、午餐厅、健身房和水上运动设施、农艺种植园、若干兴趣小组活动室、社区文化艺术博物馆等(王治河等,2016)。

“朝圣地”100多年来一直践行着生态文明的理念,它既是后现代养老院的典范,也是全球生态文明社区的标杆。“朝圣地”居民中有很多人是美国德高望重的学者和领袖。例如美国人文与科学研究院院士、世界著名后现代哲学家、生态经济学家小约翰·柯布,后现代农业先驱迪恩·弗罗伊登博格,美国著名的女权运动领袖马瑞利·斯卡夫女士,生态女性主义的理论代表卢瑟·玛丽等。虽然年事已高,但老人们依旧活跃地实践生态理念,传播生态思想。由柯布先生领导主办,连续召开了12届的克莱蒙“生态文明国际论坛”已在全世界建立了广泛的生态文明共识。从“朝圣地”这个小小的老年生态村不断发出的和谐音波让我们真切地感受到:社区、民族、国家,乃至全球,都是在某种信仰和价值层面上的共同体。开放、尊重、理解、分享和连接,才能共创共同体之共同福祉。

(2)发展模式

①丰富的活动。美国的克莱蒙老年生态社区内规划整洁、环境宜人,社区最大的特点是活动很多,这些活动不仅丰富多彩,而且意义非凡。在这些活动之中,有两项是全员范围内的核心活动,它们体现了“朝圣地”居民“实现世界会更好”的大爱之心:一是为了促进社会公平正义而开展的运动,二是为了关注地球环境而开展的事业。在“朝圣地”的居民心中,社会公正显得格外重要,它体现了人类对和平、正义和爱的关注。社会正义包括消除残酷的、非人道的生存环境,如饥饿、贫困、缺医少药、居无定所,以及战争和恐怖活动等。和平公正的大爱在心,社区居民积极参加各种范围的和平及正义组织,向当地居民和组织成员提供促进社会公正的教育资源和指导办法。

除此之外,他们持续多年组织一项支持和平、反对战争的示威活动,即每周定期在克莱蒙市通向10号公路的主干道上打着标语向路人宣传和平。公平正义在“朝圣地”不仅指生活的周遭以及这个世界其他地方人与人之间的公平,也包括人与动物、人与植物、人与我们生活的星球之间的平等和尊重。所以,关注地球环境是社区居民另一项重要的全员活动。地球环境涉及人类生活的方方面面。“朝圣地”大多数居民都参加了“绿色倡导委员会”,探讨、组织和发起各类有利于地球生态的活动,并将这些活动贯穿在自己的日常生活中。最具有代表性的全员关注地球活动包括“对建筑进行环保改造”以及“有机耕种”。这两项活动持续数年,不仅成为“朝圣地”核心价值观的体现,而且也成为美国社区生态建设的示范,对周边城镇乃至世界其他地区的环保事业都起到了带动和辐射作用。

②打造绿色GDP。第一个提出“绿色国内生产总值(绿色GDP)”概念的西方学者小约翰·柯布博士是著名后现代哲学家、生态经济学家。柯布博士和夫人居住在加州小城克莱蒙著名老年人社区“朝圣地”一间面积不大的一居室公寓中。克莱蒙老年生态社区的居民都自觉地减少使用石化能源,改用天然的太阳能源,而且他们出行几乎都是乘坐使用电动清洁能源的交通工具。他们也一改美国两百年沿袭下来的用洗衣机烘干衣服的方式,学习东方

人的紫外线自然光照晾晒法。同时,因为在一项调查中发现:美国的建筑物消耗了所有能源使用量的48%,建筑物的二氧化碳排放量占总排放量的44%,他们就在德文·哈特曼与弗里曼·艾伦教授等人合伙成立的"Cherp"社区组织下,开始了房屋的环保改造工程。这项工程专门为空调、加热系统提供更好的解决方案,提高能源利用率,帮助住户实现从石化能源消耗向太阳能源消耗的技术改装。"朝圣地"居民组织专家会议,讨论并宣传人类对石化能源的依赖——这种没有停止的攫取已经几乎将我们赖以生存的星球掏空。为了实现同地球能源的智慧互动,减少使用能源过程中的碳排放,社区居民都自愿加入到"Cherp"组织的环保改造活动中,参与技术设计、管理和推广,通过在自家门口插放建筑改造的说明牌来宣传和示范能源改造的好处和改造途径。

③节能环保的生态农业。传统的农业生产已经被滥用化肥、农药的工业化农业所代替。居住在克莱蒙的著名生态农业学家、后现代农业先驱弗罗伊登博格博士认为,现代农业兴起后,只为那些利用机械、石油化学制品,在大片土地上进行耕作的少数人带来了财富;而上百万的贫穷农民不得不迁居到世界各地的城市来寻找生计。而后现代农业是建立在可持续性发展理论上的,在不损害后代利益的基础上,满足当代的需要(张旸文,2013)。

在Pitzer Lodge关怀中心后面的一片开阔空地上,迪恩教授带领他的农业小组开垦出菜地和花园,种植生菜、卷心菜、萝卜、橘子等数十种有机果蔬以及一些盆栽花卉,30多年来全部只用马粪、草木碎屑等混合有机肥料,靠作物多样间种抵御病虫害,从不使用任何化学合成的农药、肥料、除草剂、生长调节剂和塑膜等。出产的水果、蔬菜除了供应社区,还出售给附近居民,补贴社区支出。平均每年12000美元的农园收入都贡献给了社区的健康计划。迪恩教授的有机农园在"朝圣地"乃至整个小城形成了有机耕种的示范效应。大家除了亲身参与农园的堆肥制作和播种收割,还在自己家中建立了厨余收集中心,将每天的厨房垃圾和院中的枯草、落叶分类收集,自制或集中到农园进行堆肥处理,最大限度地实现生态循环。他们在堆肥过程中将板土(无营养的)变为松软肥沃的土地;满足土壤每日所需的营养,给予土壤松弛和还原能力;改良土地结构,治愈土地创伤和贫瘠。他们观察土壤,耐心关注土壤的需要;智慧地同土壤合作,感恩土壤带给人类如此丰富的世界。社区的每一个人都视自己为园丁。园丁是地球的看守者、服务者和保护者。园丁的快乐来自收获的食物可以自足并供应社区,也来自每天辛劳完毕,站在堆肥前感知生命创造的意义,更来自这种亲手参与改善全球物种健康的创造性活动。

④文艺的健康生活。克莱蒙老年生态社区居民按照兴趣爱好、能力特点和不同需求自创性地发展了很多小组。如培养艺术兴趣和艺术创作能力的陶艺小组、读书和诗歌俱乐部、“采摘乐队”、合唱团、电视节目摄制小组、园艺和插花艺术小组、集邮小组等。也有支持社区居民广泛参与社会问题思考与探索的讨论和实践小组,例如“加州节水计划调研小组”“视角论坛”“世界事务论坛”“和平守护委员会”等。还有社区居民体现相互关怀的各类组织活动,如每年一次的“义卖会”:居民在义卖会上出售自己制作或收藏的艺术品,得到的收入捐献给社区,资助可能随时无力承担高昂生活费用的邻居;一些在社区中相对年轻的老人还组织了“聊天”小组,专门定时上门同那些坐在轮椅上、躺在病床上的邻居聊天,消除他们的孤独感和无助感。每天中午的“大食堂”午餐也保证社区居民有机会每日交流。电脑排位方式让不同的面孔和话题相聚在不同的餐桌上,通过交互式连接,很多新创意就诞生在餐厅里。(张旸文,2013)

案例14:我国台湾南投县的桃米乡村生态社区

2012年9月2日,笔者借由福建省人社厅公派到台湾中兴大学访学3个月的机会,和西北农林科技大学动物科技学院的访问学者王晶钰博士一起访问了颇有世界知名度的桃米坑村——“桃米生态村”。其实笔者自在大陆参与乡村建设研究后就多次听说这个名字,访问该村早已列于本次台湾访学日程上，事前就通过中国人民大学乡村建设中心邱建生先生联系了桃米生态村项目发起者和实践者——台湾新故乡文教基金会创立人廖嘉展和颜新珠夫妇，访问时受到他们热情的接待。我们自己购买大巴票到达南投县的埔里站，也第一次体验台湾便利的乡间公共交通系统。到达埔里后，廖氏夫妇就开着一辆小中巴来接我们，从埔里到桃米坑村大约20分钟路程，中间还经过了台湾暨南大学（与大陆广东的暨南大学同根同源）。通过一天的考察，我们对桃米生态村的"生态"两字有了深刻的体会。

在访问桃米坑村之前，我碰巧阅读过台湾某史家的著作《台湾史纲要》，书中提及20世纪80年代的蒋经国时期，为了争取加入世贸组织，台湾的农业和农民面临农产品贸易自由化的冲击，对台湾农业的永续发展是极大的打击，开始出现农业凋零、农村破败等现象。1988年，还出现过类似今天南美的农民运动，甚至造成冲突流血。台湾当局逐渐认识到农业的重要性和自由贸易弊端，采取积极的措施恢复农业和农村，改善农民的生计。以1994年小区营造计划（community empowerment）为标志，农村社会重建参考城市小区参与式的管理策略，可谓我们今天大陆所说的社会管理创新。1999年9月21日的"9·21"大地震几乎摧毁了桃米坑村的茭白、水稻种植传统和全村约1200位村民的生计，农民纷纷离开家园到城市打工，方圆17.9平方千米的桃米坑村失去往日传统农业乡村的景象。借助政府的小区营造计划，台湾新故乡文教基金会作为一个非政府组织参与桃米坑村震后重建。

在新故乡文教基金会理事长廖嘉展及其夫人颜新珠的精心努力筹划下，桃米坑村的重建围绕"生态"而不是常规"经济"作文章：首先，在保留地震后原貌的基础上恢复植被覆盖和水体景观；其次，按自然景观的规划建设一些标志性的地震纪念建筑物，其中纸教堂建筑成为名闻遐迩的标志（图5-1）；再次，宣传生态和农业多功能性开发理念，吸引一批愿意回乡建设家乡的震前离村村民和外地客商到村里开拓休闲农业（图5-2、5-3）。

图5-1　桃米坑村的悠闲"生态"景观(右边建筑为著名的纸教堂)(王松良　摄)

图5-2　桃米坑村村民开设的民宿(王松良　摄)

图5-3　笔者与从台北回村创业的邱富添先生在其开设的绿屋民宿内合影

(悬挂在墙上的铭牌是中兴大学曾志正教授为其题写的"乡情"诗,诗云:渺渺人生如烟,风云亦归尘土;浩浩功名逐流,梦醒自来领悟;生活贵能适志,待归故乡共苦;生命贵逢知己,愿君朝夕相处。此诗真切地隐含着乡村农耕文明是生态文明的根)(颜新珠　摄)

绿屋民宿的主人邱富添先生震后离村到台北市创业，在台北的生意经营得很成功，也给自己积累了一些资金，但无时不牵挂家乡的一草一木。恰逢新故乡文教基金会参与桃米坑村复建，力邀他回村参与建设，他毅然回来开设了绿屋民宿。在交谈中，当笔者等询问午餐时间将至却尚无几个客人光临民宿时，邱先生强调民宿不是传统地以吸引更多的顾客为目的的生意，而是“愿者上钩”的悠闲互动。陪同的颜新珠女士补充说，桃米生态村的任何经营和主题活动皆不以吸引人数为目标，而以经营者、村民、观光者互动和舒适为目标。下午，我们应邀参加生态村在绿屋民宿举办的“生态”主题活动——每年一度的蝴蝶饲养创新计划竞赛，吸引了方圆几十公里的蝴蝶爱好者来参与。

总之，桃米生态村——台湾一个典型的以种植茭白和水稻为业的传统村庄，是1999年大地震后在NGO引导下重建成以生态保护为灵魂、以城乡良性互动为基础、以生态旅游为主业的和谐的“生态”村。

案例小结

“朝圣地”践行的核心思想——尊重他者，将人与人、人与自然、人与精神这三对矛盾范畴建立起和谐的统一。这也正是居住在“朝圣地”的世界著名哲学家、生态经济学家小约翰·柯布所倡导的生态文明。他认为：生态文明关注土地与生物的关系，关乎人类社会。只有人群、土地、生物以合作和相互支持的方式彼此联系，而且是本然地彼此联系时，才能实现和谐共生。当然，这要求所有人的基本需要得到满足，要求人们理解并分享自己，也理解并欣赏他们的小团体以及更大的共同体。在精神上：相互关怀，相互支撑。每一位住户在这里都不仅仅是独立的个体，每个人都紧密地同这个社区集体融合在一起；用爱、和平和正义来关注这个世界。生活在“朝圣地”的老人不仅仅生活在社区内的世界，而且通过多样地与世界相连来关注整个人类的命运；用每个人的才艺和禀赋丰富着社区生活和社区成员的精神；自创社区独特的政策和机制使社区成员的生活多样化,更具创新性和包容性;引导社区精神更加健康和神圣。不管是洛杉矶的克莱蒙老年人生态社区还是我国台湾南投的桃米乡村生态社区,都体现人类与自然的关系是牢不可破的,如果一定要"挤破"人类和自然的链条,那么生命的过程绝对不会健康和幸福。

本章小结

思想重要,理论重要,其实实践也很重要,不要等到思维都一致了、理论都成熟了、方法都备齐了,才去实践。只要方向是对的,在哪个位置起航都不要紧。本章按生态学的等级尺度研究规范出发,选取10个生态文明建设的案例加以叙述,总结经验和教训,为未来全生态文明社会以及生态文明思想在全球的传播、落地提供参考。

第六章 教育先行

我不知道这个问题的答案，这就是我为什么要问这个问题的原因。

——斯蒂芬·威廉·霍金①

中国共产党第十七次全国代表大会首次提出了建设生态文明的发展理念；中国共产党第十八次全国代表大会则把“生态文明”与“经济”“政治”“文化”“社会”作为“五位一体”社会主义社会建设总体布局；中国共产党第十九次全国代表大会将“生态文明”写入党章。由此可见，我国把“生态文明建设”提升到国家可持续发展根本保证的地位。它不但让我们国家从在经济发展中付出的环境代价中彻底走出来，也尝试在当下全球生态危机四伏，世界各国尚未寻找到理性的全球治理对策之时，为构建人类命运共同体探索出一条可能的道路。

毋庸置疑，要顺利实现“生态文明”建设的初衷，生态文明教育必须先行！

为此，在2015年中共中央、国务院颁布的《关于加快推进生态文明建设的意见》强调“提高全民生态文明意识”“培育绿色生活方式”“鼓励公众积极参与”，将“生态文明教育”作为“素质教育”的重要内容（见知识盒子6-1：素质教育与应试教育之争），将培养“生态公民”作为国家教育体系建设的根本目标之一。2017年发布的《国家教育事业发展“十三五”规划》首次在教育政

① 霍金（1942—2018），英国当代著名物理学家，被称为当代“爱因斯坦”。本句话是当他被问及“在一个政治、社会、环境都混乱的世界，人类如何走过下一个100年？”时，他所提供的答案（见：钱宏：《中国：共生崛起》，第83页）。

策中明确指出:“强化生态文明教育,将生态文明理念融入教育全过程,鼓励学校开发生态文明相关课程,加强资源环境方面的国情与世情教育,普及生态文明法律法规和科学知识。”

文件反映的毕竟是宏观政策,具体落实还需要细节设计,笔者从我们当下的教育体系构架出发,尝试构建“上下”“左右”对接的生态文明教育体系。

知识盒子6-1:全人教育

在生态文明时代,生态人的培养成为必须先行的行动,把生态文明教育作为素质教育的重要内容,有利于把素质教育的指标具体化,更有利于生态文明教育的推进。

生态文明时代的教育应该是“全人教育”(图6-1),即以人为本的教育,这种教育能有机地把通识教育与专业教育结合起来,即把素质教育具体化,反映一个人的思维思想、通识涵养的主导作用,也体现专业教育的重要性(资讯能力、外语能力、专业技能、基本技能等)。

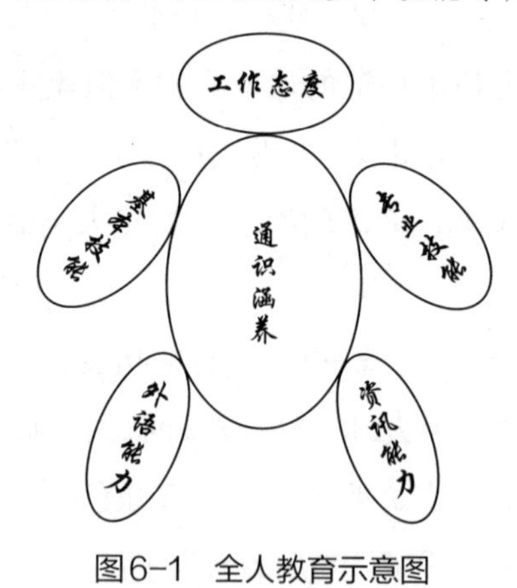

图6-1　全人教育示意图

第一节　探索全谱系生态文明教育体系

一、设计全谱系生态文明教育体系

“十年树木，百年树人”，教育是培育人的过程，需要长远的规划、设计、执行、评估、反馈和改进。生态文明教育也需要做长久的打算，未雨绸缪，注重过程。正如今天全球和我国的环境问题不是一天形成的，生态文明建设战略不可能今天作为政策颁布、执行，明天就有效果的，也需要一个规划、设计、执行、评估、反馈和改进的过程。

联合国自1987年提出“可持续发展”全球性经济发展战略，也不断在进行各个领域的规划和路径设计。教育也是必须先行的一个环节。2015年9月25日召开的联合国可持续发展峰会，参加会议的193个成员国一致通过包含具体指标的17个可持续发展目标，其中第4个目标“优质教育：确保包容、公平的优质教育，促进全民享有终身学习机会”，第11个目标“可持续的城市和社区：建设包容、安全、有风险抵御能力和可持续的城市及社区”和第12个目标“负责任的消费和生产：确保可持续的消费和生产模式”，这3个目标与我们今天的生态文明教育息息相关。按照联合国对成员国的要求，在教育领域，不仅仅各国的常规的学历教育过程要融入环境教育（生态文明教育），同时要创造条件增加含环境教育（生态文明教育）的非学历教育环节和过程，特别是社区非学历教育最需要增设环境教育内容。针对我们的生态文明教育和实际情况，我们提出从儿童到成人、从学历到非学历、从乡村到城市的全谱系生态文明教育设计（图6-2）。

据图6-2，学历教育（小学、初中、高中到大学）应适当丰富生态文明教育的内容（毕竟高考还是我国选拔人才的主渠道），大学本科教育阶段，专业性、知识性、工具性的教学应尽可能融入生态文明教育，培养生态通识性人才，技能性人才培养在高职阶段完成,专业性人才培养留待硕士研究生阶段完成;非学历教育大幅度增补生态文明教育的内容,以支撑可持续发展目标中的可持续生产力消费的人才的培养;在基础教育到高等教育之间还有一些流失到社会的青少年,用社会组织举办的社区学校和城乡两级社区大学加以桥接,形成一个"全谱系的生态文明教育体系"。这个体系通过承载具有生态文明内涵的课程开发、教材和师资建设、课程实施,助力联合国可持续发展的关键目标的实现,也能辅助实现其他的目标(如气候变化控制、文盲减少、贫困消除、生物多样性保护、饮用水安全、食物权利、食物安全等)。

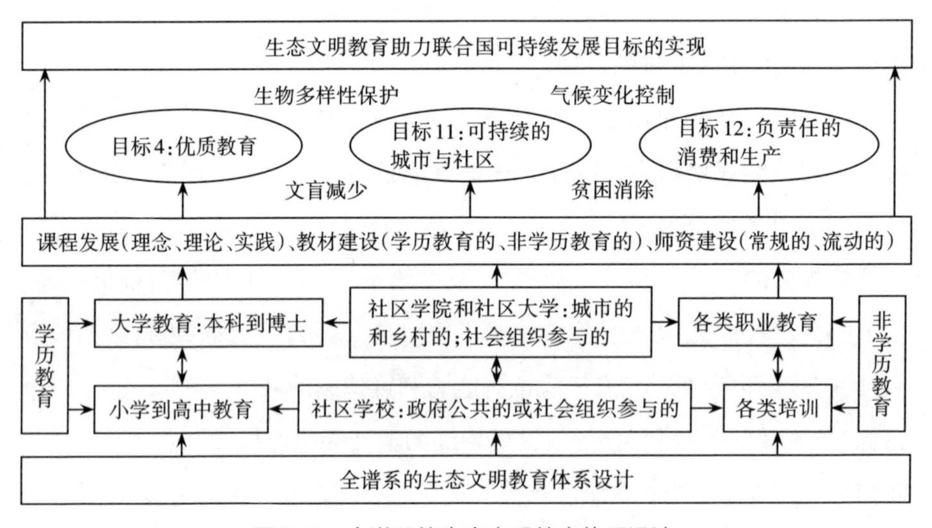

图6-2　全谱系的生态文明教育体系设计

案例15:构建作为桥接基础教育和高等教育的城乡社区学院(学校、大学)

在上述"全谱系的生态文明教育体系设计"中,说到学历教育和非学历教育大家都非常熟悉,在这些已存在的教育类别中增加生态文明教育内容,大家应该可以接受,增加什么内容只有通过实践来检验,这也不存在很大的争议,但"社区学校""社区学院"和"社区大学"这些新概念需进一步阐释。

实际上，社区学校、学院在一些发达国家早已存在，它们的基础教育（小学到高中）基本已实现义务教育，也就是说在理想条件下，全部学龄儿童和青年都会完成小学到高中的基础教育，但高等教育不可能容纳经过高中教育的全部学龄青年（不现实也不必要），没有受过高等教育的青年也可以参与社会建设，但他们的适应力和职业力需要训练，这个任务就由社区学校和社区学院来完成（也是因为城乡一体化都以社区为载体的缘故，故名）。长期以来，我国存在“村落”的传统，城市的村落（俗称“城中村”）一大部分改为社区，但真正的农村却没有社区的概念，加上发展学历教育和部分非学历教育牵扯政府部门的资源，社区学校（学院、大学）这个类别在我们国家没有得到应有的发展。这里不讨论此类学校的功能和意义，就说福建省近年来方兴未艾的社区大学的实践案例。

中国人民大学乡村建设中心长期致力于缓解“三农”问题：2005年前后，该中心在河北省发起了“新乡村建设”运动；2007年开始，在福建省建立“新乡村建设”运动的实践基地，最早的是在厦门建立的“国仁工友之家”，旨在培训进城务工的“农民工”及其家属，增强他们的法律意识，提高他们的职业能力。2009年，“工友之家”模式推广到乡村，在泉州市安溪县福田乡建立第一个“乡村社区大学”，旨在以当地生态茶园建设为依托，培训来自全国的合作社和生态农业参与者。这种旨在挖掘在地化生态文化（知识、技术）的模式相继推广到闽西、闽中等区域，建立了依靠来自全国高校的“学生”和“教授”志愿者队伍，立足城乡地区空间的人文历史特征，建立三类四个社区大学：龙岩培田社区大学、莆田汀塘社区大学、福州金山社区大学和福州关中社区大学。

龙岩培田社区大学：该社区大学位于福建省连城县培田村，为非营利性社会服务公益组织，根据培田村特点，致力于成为新时期平民教育与乡村建设的新农村文化建设实验区。其中，在文化方面主要针对培田青少年，开展以客家文化、耕读文化为主题的寒暑假学生夏令营活动，逐渐形成了“龙岩培田模式”——以乡村文化为先导。

莆田汀塘社区大学:该社区大学位于福建省莆田市秀屿区东峤镇汀塘村,该基地为非营利性教育服务机构,根据汀塘村特征,致力于探索东部沿海相对城镇化的乡村社区建设途径。该社区大学通过丰富多彩的乡村文化活动,如“寒暑假”夏令营、“每日”广场舞、“节日”腰鼓盘鼓、“夜夜”成人夜校、“开放式”社区图书馆等,拓展人们的公共生活空间,进一步促进人们的经济文化合作。该基地逐渐形成“莆田汀塘模式”——走生态城镇化之路。

福州金山社区大学:该社区大学位于福州市金山工业区,为社区教育服务机构,以外来务工人员家庭为主要服务对象,致力于改善外来务工人员社区的教育发展,使外来务工人员享有平等的教育机会,倡导关爱外来务工人员子女的身心健康,促进外来务工人员与城市社区的良性互动。通过整合社会资源参与社会公益服务。

福州关中社区大学:该社区大学位于福州郊区荆溪镇,于2012年与福建正荣集团共同建立“爱故乡农园”。该农园实施的是社区支持农业模式。为解决食品问题中的“信任危机”,其倡导“发展生态农业、支持健康消费、促进城乡互助”的理念,打造“本地生产、本地消费”的产销共同体,同时推广绿色有机的生活方式。

由此可见,中国人民大学乡村建设中心在福建省发起的城乡“社区大学”都是围绕“教育”——调动城市“闲置”的教育资源和挖掘乡村生态文化,为农村和城镇的生态化服务。在生态文明建设的背景下,完全可以通过调适和建设,开设生态文明教育课程,挖掘相关资源,在全谱系生态文明教育体系中,起到桥接基础教育和高等教育的作用,也为扩展非学历职业教育中的生态文明教育内涵做好前置的工作。比如,莆田市东峤镇汀塘村是福建东南沿海的一个普通村落,与之接壤的埭头镇、笏石镇和秀屿港或是省级城镇化试点城镇,或是工业化城镇,或是省级港口,大量的劳动力向外转移,耕地不断减少,村民连菜地都几乎没有了。这样的村落已失去发展农业的全部基础,与周围的城镇融为一体才是它们唯一的出路。2011年11月,中国人民大学在该村成立的“莆田汀塘社区大学”,正是基于上述自然和人文地理特点的考虑,使该村依托“社区大学”加强村民、企业与政府的有机联系和互动,挖掘和传承乡村生态文明和文化,构建良好的生态环境和文化氛围,与周围的城镇相融合,以期成为福建乡村发展的重要模式之一。

2012年暑假,为了解莆田汀塘社区大学的生态文明建设功能,笔者率队调研了莆田汀塘社区大学,发现该社区大学在生态文明建设中发挥了很大的作用,从“村容整洁”做起,促进“乡风文明”,启动乡村生态文明建设。[①]

由于农业的比较效益低,农村劳动力向城市工业转移,工业也同时逐步向农村转移。商店和工厂的建设加速了乡村景观的破碎,生活、工厂和商店垃圾随地堆积,余下的有限农户散养畜禽,污水横流。这就是汀塘村在社区大学成立之前的村容村貌写真。可见,当今的乡村比城市迫切需要生态文明教育。社区大学进驻以后,通过宣传和组织村民清理自己房前屋后的垃圾,引导农户进行垃圾分类工作,建立垃圾集中分类池,推动没有化粪池的农户改建粪尿分离式厕所。同时,组建以小朋友和老年人为主的卫生监督小组。鼓励村民从“村容整洁”做起,培养他们的“生态力”(爱护环境和生态的情感和动力),进而培养村民的“纯朴力”(亲近自然的情感和动力),把汀塘打造成为一个环境优美、卫生整洁的地方。开启汀塘村生态文明建设是促进“乡风文明”形成的第一步。

案例小结

当下我国教育的问题,一是基础教育中应试教育的成分仍存在,高等教育是以专业教育为主;二是基础教育与高等教育存在断裂带,即那些没有考上大学、流落在社会上的年轻人的教育缺失;三是城乡教育资源不公

① 《乡村社区大学在农村城镇化进程中的生态文化引导作用:致公党福建省委农村与农业工作委员会2012年度调研报告》,2013年1月1日由王松良执笔。

平,教育资源集中在城市,且为城市化、工业化服务,为乡村生态文明延续服务的人力资源严重缺乏。在生态文明时代的教学应该是全谱系的教育,中间应该有个衔接性的教育。在本案例中,非政府组织在福建省创建乡村社区大学并开展相关实践,缩小了应试教育与素质教育、城市教育和乡村教育、基础教育与高等教育的鸿沟,乡村社区大学不失为上述教育之间的桥梁。

二、构建全谱系生态文明教育体系

(1)教材建设

教材建设是生态文明教育教学体系的一个重要内容。生态文明的战略提出不久,所以这方面确实没有成熟的做法,但湖南和福建在生态文明基础教育教材建设方面做了初步的尝试。

案例16:湖南、福建陆续出版《生态文明教育》基础教育教材

2012年,国家正式提出生态文明建设战略之后的第二年,一套面向基础教育的《生态文明教育》教材由湖南教育出版社出版,该系列教材的主编为刘文英老师,全套教材涵盖小学一年级到高中三年级,每年级分上下册,共24册(图6-3)。主要内容遵循青少年学生随年龄增长的认知规律,让学生由浅至深地学习理解自然的知识及其与人类社会互相作用所产生的知识,并在每册的最后一课设计了与该册主要内容相呼应的实践活动。该系列教材不仅仅开创了我国生态文明基础教育的教材建设之先河,更能紧扣生态文明教育理念,结合学生身边大量鲜活、实际的案例和素材。该系列教材配有大量的可操作性的活动,图文并茂,语言深入浅出,通俗易懂,以此培养学生的生态文明意识、生态思维方式和生态实践能力。

图6-3　2013年由湖南教育出版社出版的《生态文明教育》教材(九年级下册封面)

中共中央、国务院提出生态文明建设战略后，福建省由于具有十多年的生态省建设基础，被确定为全国唯一的一个生态文明建设先行示范区。各部门各领域的配套政策相继出台，2014年6月，福建省教育主管部门也出台了《关于深入开展学校生态文明教育活动的通知》，要求进一步加强学校生态文明教育，切实“把生态文明教育融入大中小学校教育计划中，提高青少年的生态文明意识”。2015年福建人民出版社立项，组织学者编写中小学《生态文明教育》教材，经过一年多努力，面向小学一年级至初中三年级各年级，分上下册共18册的《生态文明教育》教材在2016年秋季到2017年春季相继出版(图6-4)。

图6-4　由王松良等人编写的福建省第一套《生态文明教育》教材

本套教材的特点概述如下：

• 小学1到3年级的6册（第1—6册）：以低年级学生认知自然和人类最基础的食物体系为出发点，从自然界最普遍的小动物松鼠（知识盒子6-2）的角度认识自然和生命依存的食物体系，说明一个道理：自然界是我们人类和其他生物的共同栖息场所，人类和其他动物一样只是自然生态系统的一个组成部分，人类和其他生物的食物都来自自然界，人类只有和其他生物及自然界和谐相处，才能保障自己的健康发育和发展，旨在在儿童心中播下生态文明意识的种子。其中1—2年级教材，根据儿童的认知特点，配以汉语拼音，以便他们阅读。

• 小学4—6年级的6册（第7—12册）：逐级涉及生态文明的基础知识，从社会学、生态学到政治学，从地方、国家到世界，从历史到现代，谈及生态文明建设的科学性和必然性，和高年级小学生初步谈到当下全球及我国的生态危机问题，旨在培养青少年的生态素养、生态伦理和生态文明建设的责任意识。其中，四年级的第7、8册分别介绍了福建省的人文地理和历史生态，体现地方特色。

•初中1年级至3年级的6册（第13—18册）：针对青少年成长的认知规律和责任，每个年级设置一个有一定深度的主题。初中1年级的主题是“我们生存的地球怎么啦?”，着重向同学们讲述地球生态系统原来的样子和人类对地球好的影响，最后总结我们当下面临的生态危机的根源问题。初中2年级的主题是“人类对自己行为的反思和行动”，其中第15册的十课选取世界上经典的关注自然生态的图书作介绍，有亨利·梭罗的《瓦尔登湖》、利奥波德的《沙乡年鉴》、蕾切尔·卡森的《寂静的春天》等；第16册，介绍了人类针对环境问题的几次大会、决议及其行动效果，比如1972年联合国首次召开人类环境会议，通过了《人类环境宣言》；1975年的《贝尔格莱德宪章》启动了全球的环境教育运动；1987年，挪威首相布伦特兰夫人领导的世界环境与发展委员会正式定义了“可持续发展”概念，并把它作为未来发展的指南；1997年，在日本京都由《联合国气候变化框架公约》缔约国会议签订的《京都议定书》,等等。初中3年级的主题是“我们必须尽快行动起来”,第17册学习对生态文明建设至关重要的几个生态学概念及其原理,比如生态学、生态系统、生态位、人类生态学、生态经济学、食物链、生态平衡;第18册则介绍低碳消费、生态农业、社区支持农业、城市林业、生态补偿等,旨在帮助学生掌握生态文明建设的知识、方法和技能。

(2)教师培养

教师培养不仅是构建生态文明教育体系的核心任务,也是把生态文明教育加以实践的前提条件。一定数量和高质量的师资是实施生态文明教育的基础条件,目前这方面的工作还是比较缺乏且很具挑战性。在生态文明建设战略提出之前,尽管对生态文明教育的重要性已有广泛的认识,但是由于高考依然是基础教育到高等教育的主要环节,普通师范学院或大学依然是培养基础教育需要的师资,生态文明教育的师资培养尚没有机会启动,培养生态文明教育师资的使命往往由民间公益机构承担。近几年,特别是在国家确立生态文明建设和乡村振兴战略后的两年,中国滋根乡村教育与发展促进会在乡村生态文明教育的师资培训中成绩斐然,值得一书。

知识盒子6-2:森林中松鼠的“生态位”

松鼠是森林中普遍生活着的一种哺乳纲啮齿目松鼠亚科动物,其特征是长着毛茸茸的长尾巴,和普通老鼠类似,但外形看起来更悦目些。作者在北美的校园中能经常看到这些可爱的小动物,那么它在森林中的生态位到底是什么呢?美国著名的生态哲学家亨利·戴维·梭罗在其著名的生态哲学名著《瓦尔登湖》一书中对“松鼠”的生态位有这样的描述:1857年9月,他看到一只松鼠在一片胡桃树林中埋藏胡桃坚果,这些坚果往往被松鼠运往距它们母树很远的地方,而且松鼠刚好能把它们埋在适当的深度上,适合于胡桃种子的发芽。他突然间恍然大悟,这就是胡桃树的繁殖方式,这就是胡桃树的传播方式,这就是松鼠在森林中的生态位。但曾几何时,森林中的人类部落却把松鼠当作有害的动物加以捕猎,这就是人类无知对自然和对自己造成伤害的一个例子。后来,他把这些观察结果在当地的农业协会会议上做了介绍,梭罗被认为对美国生态学发展作出了重大贡献。

图6-5　位于美国华盛顿州西雅图市区的华盛顿大学校园的松鼠
(由UBC林学院学生王翊扬2018年12月16日拍摄、提供)

案例17:中国滋根乡村教育与发展促进会的共创可持续发展的乡村教师培训[①]

成立于1995年的中国滋根乡村教育与发展促进会(以下简称“中国滋根”),旨在挖掘乡村教育资源服务于可持续发展的乡村建设。作为一个非政府的公益组织,以前中国滋根的主要工作以项目资助的形式组织有志于乡村教育的人员在乡村开展教育培训。在国家相继提出生态文明建设战略和乡村振兴战略后,中国滋根已从为学生提供助学金和对学校的硬件设施进行重点资助,转到更多关心农村基层一线教师的培训上来,通过对乡村生态文明

① 这个案例参考了北京师范大学教育学部魏曼华在2015年11月会议的讲话稿,见:http://www.zigen.org.cn/.

教育资源的收集、整理，形成教师培训教材，大力培训能开展乡村生态文明教育的师资力量。现将中国滋根2016年以来在生态文明教育师资培训方面的相关工作列举如下：

(1)2016年1月18日，由中国滋根和北京师范大学中国民族教育与多元文化研究中心共同举办的“共创可持续发展的乡村——中国滋根乡村种子教师培训”项目在北京师范大学英东楼拉开了序幕。本次培训为期七天，围绕以学生为中心的教学、家庭学校和村庄、乡土文化与教育、环境教育、性别与教育、项目实践活动等六个主题进行参与式的教学与研讨。来自云南、贵州、四川、山西、河北等5省的40名一线乡村教师全程参与此次培训。

(2)2017年4月，中国滋根与北京师范大学魏曼华教授合作，结合多地一线教师的反馈，历时三年编写了《共创可持续发展的乡村：教师培训手册》，由北京师范大学出版社出版发行。本手册共分为6个专题，分别从可持续发展的四大支柱——经济活跃、社会公平、环境责任和文化多样性中，抽出了4个最具代表性的专题——“环境教育”“乡土文化传承教育”“学校、家庭与村庄的合作”“性别教育”，综合为农村可持续发展教育的基本框架性内容；“以学生为中心的教学理念与实践”不仅集中体现了新课程改革所倡导的“教师观、学生观、课程观、教学观、课堂观”，而且将以学生为中心的教学方式贯穿于“环境教育，乡土文化教育，学校、家庭和村庄共建，性别教育”的始终，将手册体现的生态文明意识化为行动。

以上述教材为蓝本，中国滋根通过两年来不断改进的绿色生态文明学校种子教师的培训活动，让参与的“种子教师”能够对“以学生为中心的教学”“学校、家庭与村庄”“乡土文化”“环境教育”“性别教育”“实践行动”等6个主题有最基本的、入门的知识、意识、态度、技能和参与实践。培训后学员的具体收获如下：

①加深学员对“以学生为中心学习”的认识，增强其相关意识，端正其态度，并促进学员用“以学生为中心的教学”理念对待学生，进而开展教学；

②增强学员对环境教育的历史背景、目标和内容的整体认识等,增强其在教学中的课堂实践能力;

③促进学员关注到家庭和社区是儿童学习过程中重要的学习渠道,并学会调动家长和社区的资源,增强整合学校教育资源和方法的能力;

④促进学员认识到乡土文化在学生成长中的重要性,乡土文化在可持续发展中所起到的重要作用,以及如何将乡土文化渗透到学校教育中;

⑤增强学员对社会上对女性的刻板印象的敏感性,在学校和课堂教学时及学生在学校的生活中,特别关注女童所受到的性别歧视以及在性教育方面的自我保护意识等问题;

⑥增强学员将以上主题融入主题课程教学及学校的综合实践课程中的行动能力;

⑦加强学员综合性的教学的知识,培养其意识和能力;

⑧促进学员在未来的培训学校创设一个综合性学习的环境,构建相应的机制;

⑨促进学员深入了解未来的培训学校、家庭和社区的关系;

⑩促使学员在更广阔的视野中去看待学生的学习和教育。

案例小结

教材建设和教师培养两个生态教育在实施过程中成为至为重要的环节,说明生态文明教育在我国已经起步,湖南和福建在生态文明基础教育的教材建设上先行一步,在高等教育领域相对滞后。由于现有的教学体系滞碍,很多公立学校的生态文明教育尚未启动,因此更依赖于非政府组织的公益机构的实践,尽管中国滋根等公益机构在乡村生态文明教育的师资培训方面做了开创性的工作,但依然任重道远。一方面,公立学校没有开设系统的生态文明教育课程,教师参与度不高;另一方面,生态文明(教育)领域的工作基本上是社会科学领域的,相关人员较擅长对生态文明意识和理念的宣传,但在实践的方法和技能方面较为欠缺。

第二节　探索全谱系生态文明教育体系的实践之路

生态文明建设战略是我们国家在经济发展造成生态破坏后开展自救或者救赎之路上产生的，刚诞生不久，其思想、意识、理论都不可能十分成熟，但生态文明教育必须先行，不能等，只能去探索。笔者在本章第一节讨论了“全谱系的生态文明教育体系”，并通过生态文明教育的基础教育教材建设和乡村生态文明教育的师资培训，说明生态文明教育体系。本节主要介绍我国上海市崇明区政府主导的生态文明教育体系建设和国外民间组织主导的全谱系生态文明教育体系建设的有益实践，供读者比较和参考。

案例18：上海崇明区政府主导的生态文明教育体系建设①

大家都知道，上海是我国第一大都市，其郊区县区为上海大都市的建设和市民生产生活做了很大贡献，这些服务中最大的、最关键的无过于提供安全食品、干净的水源和适合的劳动力资源，这些服务都可以用“生态系统服务”（见知识盒子6-3）来涵盖。

> **知识盒子6-3：生态系统服务与人类福祉的关系**
>
> 因为我们觉得自己生活在一个社会中，很自然地产生一种看法，就是我们生存和生活活动所依赖的一切都是社会提供的和自己创造的，现代自由主义经济学也会有意地固化这种想法，甚至宣扬人的需求和欲望是世界进步的根本动力，以至于产生诸多的生态危机。实际上，我们的一切基本来自自然界——生物（包括人）与环境互作、互动构成的生态系统。这种概念就是生态系统服务（ecosystem service），2005年联合国“千年生

① 本案例撰写除了注明的文献外，主要参考《生态寻梦——崇明县生态教育写真》一书，该书由黄强先生主编，上海教育出版社2014年出版。

态系统评估(millennium ecosystem assessment,MA)”将人类从生态系统获取的惠益称为生态系统服务,并把生态系统服务分为两大类(产品和服务)四种(产品、调节、文化、支撑)。这个概念及其内涵的提出,旨在改变传统经济学无视生态系统提供服务的思维,试图平衡或修正前者的看法。为实现这点,需要用现有经济学的方法,去评估其经济价值,以便为大众接受和对比,进而引起重视和改变,这种过程称为生物系统服务的评估。第一个给全球生态系统服务评估的是美国的罗伯特·康斯坦扎,他于1997年在著名的《自然》期刊上发表了《一个基于全球生态系统服务价值》的论文,通过构建的生态经济学方法,得出当年(1997年)全球生态系统的服务价值为当年全球GDP的1.8倍。这个结果足够引起各界的关注,因为承认这个数据,就说明我们社会在经济学指导下取得的经济收益远不足以抵消生态系统给予人类的“代价”,这就驱使我们思考我们当下从事的经济发展的意义何在,甚至对“发展”的重新思考。

难能可贵的是,地处上海远郊的崇明区从2004年开始,借助“新农村建设”国家战略,定位“生态岛建设”[①],以“生态教育”为突破点[②],以培养“生态人”,服务“生态城市(eco-city)”为总体构架,增加本地人民的福祉,也给“外围”的上海大都市市民提供良好的“生态系统服务”。崇明区经过多年的生态文明教育探索和实践,在生态文明教育体系构建方面取得了很大的成就。具体可概括为如下四个方面:

崇明生态文明教育的制度基础建设

2004年12月出台的《崇明岛域总体规划纲要》明确指出,培育“生态人”,

① van Dijk M P. Three ecological cities,examples of different approaches in Asia and Europe[M]//Wong T C, Yuen B. Eco-city planning:Policies, practice and design. Dordrecht:Springer, 2011: 147.

② 黄强.以“生态教育”为点突破,促进崇明教育的整体发展[J].上海教育,2015(36):32-33.

全面提升岛内居民的生态素养，是生态岛建设的重要任务，各级学校作为生态岛的文化高地，理应成为乡村文化向生态文明演进的排头兵，以保障生态文明教育长远健康运行，引导全岛生态文明社会建设有序推进。由此，首先出台《崇明区全面深化生态教育改革实践方案（2015—2020年）》，规定崇明区生态文明教育的几大主要任务和目标是：

- 把培育"生态人"作为崇明区各级学校必须纳入的育人目标；
- 构建"生态崇明"教育资源分享库；
- 构建"生态崇明"地方特色课程实施的教育内部支持系统；
- 构建"生态崇明"地方特色课程的评价与管理体系；
- 构建"生态崇明"体系性课程实践的社会支持环境；
- 构建具有"生态崇明"特色的市民终身学习体验模式；
- 构建"生态教育"国内外交流机制；
- 启动生态文明教育制度建设和实践探索。

崇明区在推动生态文明教育的政策导向上要求着力下列四项工作：一是落实生态文明教育课程教学实施空间，确保生态文明教育课程的正常开设；二是强化师资培训，确保高素质教师走上生态文明教育讲台；三是理顺机制、手段，激励学校与教师合作开发优质生态文明教育课程；四是优化学习环境和条件，为学生提供参与课程体验学习的空间与条件。

崇明生态文明教育的组织基础建设

崇明区从以下四个方面加强生态文明教育体系的组织建设：

一是成立崇明生态文明教育体系建设规划小组，完成崇明区生态文明教育三个五年规划。"十一五"为探索期，初步构建"生态崇明"课程体系；"十二五"为发展推广期，实现面上的推广辐射；"十三五"为成型期，完善区域生态教育的理论和实践体系，形成具有崇明特征的"生态教育"品牌。

二是成立"生态文明教育研究所、生态科普协会和乡土课程研究工作室"三级课程开发合作网络，分别承担课程开发、课程试验与课程培训工作，由生态文明教育研究所统筹协调。这种三位一体的课程研制和开发组织结构可以有效保障给教师提供的是一门确实可以上的,并且可以得到不断优化的课程。

三是构建"校园—庭园—田园""三园"结合的生态文明教育空间布局。这里,"校园"是各级学校内可供学生参与生态文明教育实践活动的场所,"庭园"是指学生家庭拥有的可供生态文明教育实践之用的场所,"田园"是指学校和家庭所在社区可供学生实施实践活动的基地。"三园教学"的目标是"教劳结合""教学做合一",提升学生"建设家乡素养"和促进乡村文化健康传播。通过"三园"连接,实现生态文明教育的课内与课外的有效连接,是一种课堂教学、实验教学与"三园"实践教学有机结合的教学体系,促进学生认知、技能与情感协调发展。

四是形成多元化的教师生态素养培养体系。在生态文明教育体系中,教师肩负着崇明区"生态人"培养的重任,要教学生,先育自己。为此,崇明区建设"生态崇明"县级、校级体验基地,集中力量和资源对教师进行集训,培养教师的生态知识素养、生态教育素养、生态教育研究素养和生态情感素养。

崇明生态文明教育的资源基础建设

生态文明教育的资源基础建设是生态文明基础的前提,地方性的生态文明教育课程及其教学体系建设,除了引进区域外的资源作为参考之外,更重要的是收集和管理在地化的生态文明教育资源。崇明区的生态文明教育资源建设聚焦在两个方面:一是纸质化的教育资源库,即组织专人收集与生态文明教育有关的政策、法律、法规、乡土教材、图片等,进行分离整理,形成纸质资源库(表6-1);二是收集和构建电子资源库,放在崇明区教育信息网上共享(表6-2)。

表6-1　崇明区生态文明资源库部分纸质资源清单

<table>
<tr><th>一级目录</th><th>二级目录</th><th>崇明乡土课程内容举例</th></tr>
<tr><td>政策、法律、法规</td><td></td><td>1.崇明生态建设规划
2.崇明生态村建设标准
3.崇明鸟类保护管理办法等</td></tr>
<tr><td rowspan="3">教材类资源</td><td>崇明区区域课程</td><td>1.《生态崇明》初中乡情教育试验教材
2.《生态崇明》小学主题探究活动教材
3.《生态崇明》科普教育基地活动指南</td></tr>
<tr><td>崇明区校本拓展课程</td><td>1.芦苇恋歌(海洪小学)
2.鸟文化教育课程(裕安小学)
3.生态田园(裕安小学)</td></tr>
<tr><td>全国各地生态教育教材</td><td>1.海南省生态教育地方性课程(海南省)
2.环境教育(上海市)
3.自然笔记(上海市虹桥中学)</td></tr>
<tr><td rowspan="3">参考资料</td><td>参考图书</td><td>1.《三园教学实践》
2.《崇明县生态科普报告集》
3.《生态崇明》成人读本</td></tr>
<tr><td>教案与教学设计</td><td>《生态崇明》初中乡情教育教学设计</td></tr>
<tr><td>科普教育基地介绍</td><td>1.崇明东滩国家级鸟类自然保护区
2.东平国家森林公园
3.崇明区前卫村</td></tr>
<tr><td rowspan="3">刻录光盘的资源</td><td>影视(视频作品)</td><td>1.崇明各地区介绍视频
2.生态教育活动视频</td></tr>
<tr><td>图片、照片集</td><td>《生态崇明》初中乡情教育图片集</td></tr>
<tr><td>课件集</td><td>《生态崇明》初中乡情教育各节课件</td></tr>
</table>

表6-2　生态崇明教育网主要栏目及用途

功能目标	专题栏目	子栏目	内容	主要作用
乡土课程资源建设	法律法规		生态建设中有关的法律、法规等	掌握有关法规信息,补充教学资源
	新闻动态		介绍崇明生态建设中发生的主要事件	让教师能够及时了解社会上发生的事,在课程实施中能够得到运用
	课程开发	区域课程	提供区域开发的各学段课程	各学段课程以网络形式呈现,便于网上学习
		校本课程	提供学校有特色的生态教育校本课程	相互交流、资源共享
		生态读本	系统介绍崇明生态的资料	让学生详细地了解崇明生态,作为教学的参考资源
	经验论文		生态教育方面的专题研究	了解生态教育方面的教育、教学方法等内容
	科普园地		有关生态方面的科普知识	了解生态知识、生态行为,在教学中能够适时应用
	资源下载	教学设计	根据课程内容和要求,提供教学设计、教学案例、教学课件、图片,方便下载使用	可直接用于教学,也可作为课件制作的原始材料
		案例精选		
		课件下载		
		图片下载		
	精彩图片		分类提供崇明生态建设的成果、原始的生态资源等	了解崇明自然、经济、人文生态的窗口,下载后作为教学的资源
	友情链接		提供生态教育方面的专题网站	为教师了解生态专业知识提供链接

续表

功能目标	专题栏目	子栏目	内容	主要作用
交流展示平台	绿色行动		提供区域或学校在生态教育方面的活动等	展示和交流生态教育的活动
	绿色学校		学校生态教育方面的经验介绍	相互交流和展示学校开展生态教育的方法
	过客留言			
课程管理	用户登录		管理入口	通过注册、登录可以完成资料的及时上传和下载
	本站公告		公布区县级的生态教育活动及通知等	实现网络管理
	探索历程		课程建设中的重大事件和行动	记录乡土课程建设的历程

崇明生态文明教育的课程体系建设

2005年9月，启动“生态崇明”地方特色课程体系构建，目前已基本建成覆盖全区学前教育、小学教育、初中教育和高中教育四个学段间纵向递进的课程体系和学段内横向协调的乡土生态教育课程体系。

一是学段间纵向递进课程体系。即根据学生的发展水平，学前阶段生态文明教育侧重生态启蒙教育，课程定位是游戏类课程，让孩子们在玩中学；小学阶段生态文明教育侧重符合生态文明的生活方式与行为习惯的养成教育，课程定位为主题活动类课程；初中阶段生态文明教育侧重对崇明生态岛建设蓝图的理解和思考，课程定位为拓展型课程；高中阶段生态文明教育侧重青少年对岛屿生态系统动态变化的理解，课程定位为研究型课程，促进他们对生态岛建设进行独立思考。

二是学段内横向协调的乡土生态教育课程体系。在初中阶段内，除三个年级每周一节“生态崇明”拓展型课程外，还设置学科交叉类和渗透课程，旨在促进青少年对学科概念、原理、方法等的全面理解，达成对抽象原理学习获得感性支撑和增强生态保护意识等教育目标;设置校级、区县级“生态崇明”科普基地活动课程,侧重于促进他们转变学习方式,强调做中学、研中学,学中做、学中研,关注多学科知识、技能、方法在真实情境中的综合应用能力的锻炼;“生态崇明”校本课程则侧重于校本实际。

通过近10年(2004—2014)的建设,崇明区已构建了13门地方性生态文明教育的课程,并在实施过程中不断修订和完善,取得了很好的教学成效和研究成果,其中9门课程的教材已正式出版,1项研究课题被列为市级重点课题,获得教育部基础教育课程改革教学成果三等奖1项,上海市第十届教育科学优秀成果二等奖1项、三等奖1项,获上海市基础教育教学成果一等奖1项、二等奖1项。

案例19:美英民间组织发起建立的生态文明教育体系

尽管美国是自由主义经济的大本营,以集中人才力量,发挥近代实验科学和归纳论思维的优势,引领全球的科技和基于此的创新体系的形成,但不代表美国上下没有人去反思这个体系带来的区域(包括美国自己)和全球问题。相反,寻找替代思维和技术的思潮和研究都集中在美国,比如美国也是作为整体科学的现代生态学的大本营,不仅有现代生态伦理学的奠基人亨利·梭罗和奥尔多·利奥波德,现代生态学的奠基人尤因·奥德姆,现代环境革命的推动者蕾切尔·卡森,现代生态经济学创始人赫尔曼·戴利,生态系统服务评估的实践者罗伯特·康斯坦扎等,社会上从事生态文明教育的民间组织也很多,其中美国的“生态素养中心(Center for Eco-literacy)”“克劳德学院(Cloud Institute)”和英国的“舒马赫学院(Schumacher College)”等都是积极参与生态文明教育的典型案例。它们的基本方法论是以社区、学校、家庭等协同进行教育创新,尤其注重这三者的生态化管理和组织学习,在密切关注全球可持续议题的同时,积极寻求本地化的解决方案。

美国生态素养教育中心。创立于1995年的生态素养中心[①]的主要任务是“可持续生存的教育”,主要致力于三块业务:一是生态教育(从系统、整体

① 主要素材来自其门户网站:https://www.ecoliteracy.org.

思维的视野探索食品体系与气候变化的内在联系；融合各民族的知识实现与自然的和谐共处；从维护土壤开始给从事生态文明教学的教师提供素材）；二是可持续发展的理念和方法教育（讲述若干大众熟悉和需要的食物类别如玉米、马铃薯等的来龙去脉）；三是“系统变化”的知识教育［包括设计一个可恢复的社区（群落）］。

美国克劳德学院。创立于1992年的克劳德学院[①]的使命是“为了可持续力的教育，至关重要（Educating for Sustainability Matters！）”，为此，它的目标和工作任务是：“激励年轻人去思考我们生存的世界，以及他们和这个世界的关系，寻求改善这个世界的新的能力和方式。”它教育的对象是处于小学到高中（1—12年级）的青少年，为此召集中小学、大学教师参与设计课程教学体系（课程、辅导书和作业），用一种崭新的思路和办法培养未来致力于可持续力创造的领袖。为了实现这些目标，他们针对社区开展工作。

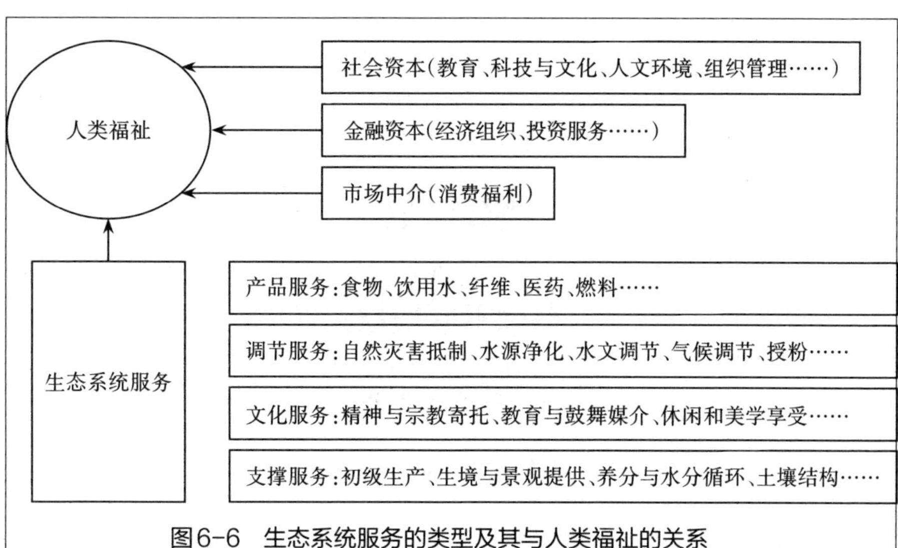

图6-6　生态系统服务的类型及其与人类福祉的关系

（生态系统服务直接提供人类的产品服务、调节服务、文化服务、支撑服务；人类从社会资本、金融资本和市场中介得到的福利在很大程度上都是从生态系统服务各类别中间接获得的）

① 主要素材来自其门户网站：https://www.cloudinstitute.org.

英国舒马赫学院。舒马赫学院[1]的名称来自德国著名的经济学家E. F.舒马赫(Ernst Friedrich Schumacher,1911—1977),他于1973年出版了一本对世界有广泛影响的小册子《小的就是美好的》(*Small is Beautiful*)(见知识盒子6-4)。舒马赫学院成立于2000年,由印度人后裔Satis创立,他是舒马赫的学生,笃信后者的学术观点。舒马赫学院的教学使命是“撒播变化的种子(sowing the seeds of change)”,该学院吸引了来自世界90多个国家的学生开展“生态学与可持续力”的教学,通过实验和体验教学引导学生获得一种战略性的思维,以适应21世纪世界面临的挑战。

知识盒子6-4:《小的就是美好的》的作者及其思想

针对20世纪70年代爆发的全球性能源危机和冷战带来的无止境的军备竞争,舒马赫出版了一本书——《小的就是美好的》,书中提出企业采用“合适的技术”。值得一提的是,他对现代化农业的看法是悲观的。他认为农业是这个星球上唯一一个有生命的产业,不应该用单一的市场经济和金钱来衡量。

图6-7 舒马赫1973年出版的《小的就是美好的》一书的英文版封面

① 主要素材来自其门户网站:https://www.schumachercollege.org.uk.

案例小结

在探索生态文明教育实践的路上已经有了伙伴，本节选取上海崇明区行政主导的和美英民间组织主导的生态文明教育的实践案例，它们在各自的重点方向上取得了一定的成就，但系统性的生态文明教育实践依然在路上。

本章小结

“十年树木，百年树人”，教育是培养人的长期过程。生态文明建设，教育要先行。生态文明教育体系需要做长远的规划、设计、执行、评估、反馈和改进。在这个新的教育变革中，把生态文明教育的内容适当融入基础教育和高等的研究生教育中，大幅度增加大学本科生态文明教育的内容，做到通识教育与生态文明教育的有机融合，把生态文明教育作为素质教育的主要内容来抓，将学历、职业教育与生态文明意识培养和建设技能教育融为一体。更关键的是增加社区学校、学院和大学生态文明教育这个环节，以补上基础教育与高等教育的“缺环”。通过全谱系生态文明教育的设计和实施，配合实现联合国可持续发展的优质教育权利、可持续生产和消费能力培养，以及可持续的社区教育等目标。在实践中，以课程开发、教材建设和师资培训为重头戏，这方面的典型案例有湖南和福建省的基础教育教材建设以及中国滋根的乡村教师培训。在生态文明教育的实践中，上海市崇明区官方主导的生态文明教育体系建设、美英民间教育机构的生态文明教育的课程开发都是可资借鉴的典型案例。

深度思考

我们越来越意识到一个不可避免的、令人不安的事实：我们这个社会的商业将无法长期得到维持，因为它们是基于两个不再存在的假设：一个是，廉价、无限量的碳氢化合物和其他不可再生资源将永远存在；另一个是地球的生态系统将会无限地吸收我们生产和消费的废物。

——查德·霍乐迪①

2008年4月25日，笔者很偶然地看到当日的《工人日报》上刊载了赵春青先生的一幅漫画，其标题是"如果方向错了，停止就是进步"，心里顿时震撼无比：是啊，是时候驻足，然后对我们自己、对我们的国家、对我们生存的世界和星球进行一番思考了，我们应该怎样对待我们自己、对待它们？

总之，我们的世界到底怎么啦？诸多的不稳定因素和冲突，都说明整个世界也好，发达国家也好，发展中国家也好，都还没有找到治理自己国家的好办法，更不用说让世界各国走向和谐和合作的全球治理了。全球各国尚没有存在和谐相融的政治理念、文化趋同、宗教意识，至今只余下一个可能的共同点，就是我们"只有一个地球"。在这个背景下，中国旨在解决自己的环境危机"生态文明"理念和建设战略，不失为一个可替代的"全球共识"，为全球治理提供一个很好的"公约数"。

① 霍乐迪，曾任美国杜邦公司(DuPont)的CEO。

第一节　生态文明促使经济学与生态学实现对话

一、当代新自由主义经济学批判

我们不得不说，当代新自由主义经济学的主导是造成当下社会和生态危机的根源之一，对其反思和批判是建设生态文明世界的必然步骤。

按中文本义，经济学本是经世济民之学问，是治理国家的核心理念，是一个国家的大政治家、大文化家和大学者应该有的学问。但近现代以来，学问分科越来越厉害，西方从实验科学体系分出一个“《国富论》（经济学学科的开端）”，人们开始把“富裕”当作追求的学问和目标。日本汉学家借用中国的“经世济民”把economics翻译为经济学，实际上这不是economics的本意，这个“经济学”已经缩窄到“管理财经的学问”。这种经济学能否成为西方还原论严格定义下的“科学”还另说，但正是它借用实验科学的归纳论思维和方法，如数学方法，让现代经济学产生众多问题。2008年3月17日一篇发表于《科学美国人》（*Scientific American*）杂志上题为《“一丝不挂”的经济学家》（“The Economist Has No Clothes”）一文，断定现代经济学家“一丝不挂”，可以说批到点子上，特引用在此[①]：

创造于十九世纪的新古典主义经济学理论，目前正充当协调全球市场体系的各种活动的角色，它更被赋予使命将传统经济学的研究领域正式变为一个学科。但至今不为人知的是，那些正成为传奇的经济学家们，所创造的理论是源于已过时的十九世纪物理学方程。更遗憾的是，新古典主义经济学也显然已经过时了。这种基于非科学假定的理论，正成为执行各类全球变暖和其他环境难题解决措施的最大障碍。

① 这是一篇发表于2008年3月17日《科学美国人》（*Scientific American*）杂志上题为《“一丝不挂”的经济学家》（“The Economist Has No Clothes”）文章的译稿。译稿于2008年7月4日首发于笔者的新浪博客（http://blog.sina.com.cn/wsolo）。有改动。

被新自由主义经济学的创造者们当作模板的物理学理论，当时则是被作为对牛顿物理学无法解释的热、光和电的关联现象的新构思而诞生的。1847年，德国物理学家赫尔姆霍兹发现了能量守恒定律方程，并因此假定填满全部空间和统一现象的能量保存“场”的存在。同世纪后期，麦克斯韦、玻尔兹曼和其他的物理学家陆续发现了对电磁学和热力学“统一”现象的更好解释，与此同时，经济学家也开始借用并修改赫尔姆霍兹方程。

经济学家使用的策略既简单又荒谬，他们用经济变量代替物理变量，实效(一种衡量福利的尺度)代替了能源。一些著名的数学家和物理学家曾经警告过这些经济学家说，这些简单的替换是完全没有根据的。但这些经济学家却根本不理会此类批评，并且继续埋头研究，并声称他们已经把经济学研究领域“变成”严格的数学学科。

非常奇怪的是，作为新自由主义经济学真实来源的19世纪中期物理学却被抛到脑后。随后一代的主流经济学家也就想当然地接受新自由主义经济学，认为它是科学的。新自由主义经济学这些古怪的发展过程可以解释为什么被主流经济学家所利用的数学理论可以诠释下列没有科学性的假定：

(1)市场体系是关于生产和消费之间封闭的、流动的循环，并没有入口或出口。

(2)自然资源存在于封闭的市场体系之外并与之有明显区别的领域，其经济价值只能由领域内运作的动力学所决定。

(3)经济活动对外部自然环境造成的损坏成本应看作封闭的市场体系之外的，或是无法被该系统内运作的定价机制所包含。

(4)来自自然的外部资源大多是无法耗尽的，但也不能被其他资源，或技术(指试图尽量少地使用那些可耗尽资源)，或仰赖其他资源的方式所替代。

(5)并不存在对市场体系而言有生物或物理限制的增长。

如果不存在环境危机，那么，新自由主义经济学因提供一个连贯的管理经济活动理论基础的事实而被认为有足够理由而广泛应用。但是环境危机是确实存在的,则该理论即使从实证或功利角度也不再被视为有用的,因为它无法满足我们现在认为的任何经济理论的最基本要求,即在一定程度上,该理论能够在世界范围内允许经济与环境的相互协调。因为新古典主义经济学甚至不承认造成环境问题的成本和资源对经济增长的限制,那它构成一个与气候变化和其他对我们星球的威胁做斗争的最大障碍之一。经济学家们应该去发现一个新理论,这个理论要考虑到全球生态系统的所有事实,这是极为迫切的。

对此,一向温文尔雅的佛家大学问家南怀瑾说:

我说世界上的经济学家,欧美的经济学家,是强盗的经济学家,都是为了一个国家、一个观点,写了许多经济学书,你们学经济的不要乱跟他们,从《国富论》开始,通通不对,没有一个学者研究全体人类的"经济学"(经世济民之学问)。……

二、我们究竟需要什么样的经济学?

笔者在2015年第10期发表短文(有改动)尝试回答了这个问题:

作为农科大学的教师,我们长期关注的学术点首先是教育,特别是农业教育,然后是农业本身。又因为开设"农业生态学"课程近30年,自然就更多地以生态学视野观察"三农"及其教育难题,结论是用纯粹的市场经济"武装"农业是我国"三农"问题不断深化的根源。下面以我在2014年的阅读书籍为线索梳理我对自由主义经济学的反思。

2014年在世界范围内反思资本主义的书籍颇多,最著名的无疑是法国经济学家托马斯·皮克迪(Thomas Piketty)的《21世纪资本论》(*Capital in the*

Twenty-First Century)(中文版由中信出版社出版)[①],该书指出资本是造成目前全球性的贫富差距与不平等,甚至全球恐怖主义盛行的根源。20世纪,自由主义经济学获得了全球性的支配地位,但自由主义经济学的前提是存在一个完全竞争的市场,并且这只"无形的手"能够发挥百分之百的作用。然而,这个前提在中国是不存在的,因此完全依赖市场的行为往往并不能达到企业既赚钱又能惠及百姓的理想目的。

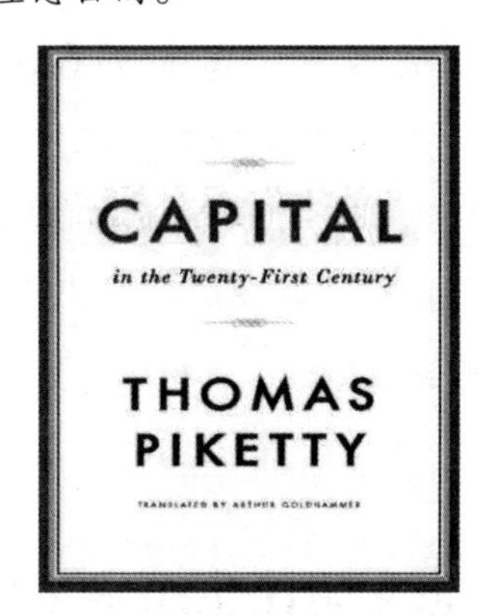

图7-1　托马斯·皮克迪的《21世纪资本论》封面

由于市场的经常性失灵,在资本主义大本营的美国曾出现"入侵华尔街"反对资本主义的运动[②],以血腥行为抗议美国国内极端的贫富分化,并且让最先响应欧美自由贸易的南美国家成为反对资本主义的大本营,他们群起反对两极分化的全球化。

然后重读现代经济学始祖亚当·斯密的《国富论》。该书指出,劳动力、土地、货币的市场化,从一个地方性市场变成全国性市场,再变成全球市场,这个进程将能够带来欧洲社会内部的普遍富裕,这样的论断成为现代自由经济主义治理术的前提和正当性所在。然而,市场经济是以全国性市场为载体的,劳动力、土地和资本的全国性市场的确立才能让市场经济真正形成。正

① Thomas Piketty. Capital in the twenty-first century[M]. Cambridge: The Belknap Press of Harvard University Press,2014.

②《入侵华尔街》是好莱坞的一部电影,对在2008年发端于美国房市泡沫波及全球的金融危机进行了反思。

如哈佛大学教授迈克尔·桑德尔在《金钱不能买什么:金钱与公正的正面交锋》一书中指出的,市场经济只是一个组织物质生产的方式,却硬被拓展到非经济的社会、文化、思想、政治、伦理等领域,让整个社会生活滑入"市场经济范式"中。这种商品自由交换的逻辑取得对非经济领域的支配地位,就形成了所谓市场社会,是当今全球社会危机四伏和反资本的社会运动(如欧美的反金融资本运动等)的必然结果。当二者形成拉锯战时,社会出现动乱、世界出现战争的威胁会随时存在。实际上,亚当·斯密也反对"把经济购买力转化成为对劳动也就是对人的身体的政治支配力,进而导致资产阶级必然剥削和压迫其他阶级。这一批判意识的弱化直至彻底消失,导致了人们在现代西方经济学教科书中再也找不到一个'整体的人'","经济学帝国主义"借助生物基因决定论走上了神坛,把自己变成了一种宗教"(皮克迪语)。

第二节　生态文明让生态学参加全球治理

一、经济学与生态学需要一场对话

我们已经生活在经济学的时代很久了,如今很多人都谈金钱,社会所产生的"正面"和"负面"的事和物,没有哪个不和狭义的经济学相关。但是我们也不能忽略一些事实:我们怀揣金钱却也得走在平地上,我们购买的食品却基本源于自然,因为我们眼里只有钱的结果,我们依赖的自然被严重破坏了:我们的空气、土壤、水、森林和草地被如此迅速地破坏,即便铁石心肠之人也不禁发问——这种状况还能修复吗?那些已消失的物种和文化似乎没有恢复的迹象。经济学对自然的威胁已是人们的共识。

在现实社会中,经济变量总是会被大大估计的,特别是面对与人使用环境和资源有关的决策时,更为遗憾的是经济和环境变量由不同的团队或个人来评价,不仅因为他们所擅长的学科无法交叉,而且也因为各自严格使用自己认知的狭隘标准来评价,忽略它们之间的关联,这种关联有时显得更为重要。因此,环境与经济的评估者应该坐下来思考,按奥德姆的说法,经济学与生态学有相同的前缀,目标其实也是一致的,这一点认识意义重大。从这个意义看,生态学与政治学也应该走在一起。

“生物物理经济学”“稳态经济学”和“生态经济学”都是这个对话的结果。

但是我们也要警惕:泛生态化的现象,“vandal ideology(破坏文化艺术的意识形态)”广泛存在,可持续发展的提出不是结束而是开始。生态学曾经被欢呼为重塑世界的方法,被谢泼德[①]称为“超级破坏性的科学”“人类长期的福利”,被汤普森[②]称为“一种新的政治科学”,这样的热情是否应该冷静一下?实际上生态学含有科学和反科学双重属性,给了环境保护运动一种杂交的动力,但这种动力渗入政治后,生态学是否应该冷静下来成为一个治理的尺度,不要过多地去引导其政治方向(eco-cracy)。当下的可持续发展就是融合经济学与生态学的思维。配第[③]曾定义现代经济学是一种计算的科学,但“计算”恰恰是忠诚、团结和友谊的敌人,因此也希望普通人远离这种计算的科学——一种源于对自然的拆解的西方归纳论思维主导的学科模式。

二、生物物理经济学:经济学家的救赎之路

2009年1月2日的一篇有关经济学批评和改造的文章,原题是《生物物理经济:经济学家未来的触地方式》(“Biophysical Economics: In the Future, Economists Will Return to Earth”)[④],指出目前全球愈演愈烈的金融危机的本

---

① 谢泼德(1925—1996),美国环保主义者。

② 汤普森(1938—),美国文化批判家。

③ 配第(1623—1687),英国经济学家、物理学家。

④ 原文见:http://thetyee.ca/Views/2009/01/02/Economics/,作者韦勒是加拿大的著名记者,著有 *Greenpeace: How a Group of Ecologists, Journalists, and Visionaries Changed the World*和 *The Jesus Sayings* 两本书。

质就是经济学及其经济学家鼓吹的把人类的“贪婪等同于需要”并加以长期实践的结果。遗憾的是,各国政府及其政要、经济学家根本无视这个根源,在各类媒体上大谈政府出资、资本投入、扩大外内需来拯救它。这篇文章将告诉你,目前各国采用的“新瓶装旧酒”的办法不但不能平息危机,反而会加速整个地球生态系统的灭亡。

译者(本书作者)认为原文作者所说的“生物物理经济学”就是生态学与经济学融合后的生态经济学[①]:

2009年将见证一场由经济学家带来的金融海啸,正如失去脸面的美国联邦储备委员会主席格兰斯潘所言,这些经济学家思维上的所谓“瑕疵”,将被证明是一种真正的“谬误”。

那些把优先股变红利、调整金融政策及政府花钱救市的建议全都有一个悲剧性的谬误:他们依然认为人类的经济增长不存在物理的和生物的限制。大多数的经济学家依然顶礼膜拜18世纪的机械宇宙,臆想着上帝的“看不见的手”能够把私人的贪婪变为公众的乌托邦。

大家都清楚,只有极少数人能变得富有。但那些“温顺的大多数”继承的是一个具备如下特征的地球:到处充塞着奴役未成年人的“血汗工厂”、10亿饥饿人群、有毒的垃圾堆、没有生气的河流、衰竭的湿地生态系统、消失的森林、耗竭的能源、过度砍伐的山头、酸化的海洋、融化的冰川和火堆般炙热的大气。

幸运的是,与此同时,尚有一些严肃的、属于少数派的科学家和经济学家依然努力从18世纪的泥泞中走出来,研究着如何使人类的期望与物理学、生物学和生态学的定律和谐起来。

这样和谐的时代已经来临了。2009年将标志着一个真正革新的经济学

① 本文译稿于2009年4月30日首发于作者的新浪博客(http://blog.sina.com.cn/wsolo),有改动。

的诞生，它将最终取代把贪婪合理化的拼凑理论(指传统经济学)。这种新的生态核算体系可以称为“动态平衡的”“稳态的”或“生物物理的”经济学。

技术是什么？忽视自然是传统经济学悲剧性的臆想，他们往往假设不用考虑物质、能量和污染的量即可维持经济的永久增长。相反，生物物理经济，承认自然界根本不可能存在无限制的增长。

科罗拉多大学的一个退休教授巴特利特博士迫切希望经济学家去学习一下自然规律。他认为，只有那些非物质的价值观，如创造力、梦想、爱等可以无限制地扩大，而现实世界的物质、能量一定是遵循热力学和生物学定律的。他说：“人口或消费率的增长不可能持续，一种聪明的增长优于死板的增长，但二者都将摧毁环境。”

什么是技术？一些经济学家认为计算机芯片或纳米技术能使我们游离在自然规律之外，但事实是，历史上每个技术效率都已导致更多的能源和资源消耗。要知道，计算机能够节约纸张的假设从来都没有实现过。计算机使纸张的消耗量从1950年的5000万吨增加到今天的2.5亿吨，与此同时，我们失去了6亿公顷的森林。

关于互联网是可以免费互换信息的“天国”的假设也是错误的。制造计算机及其服务网需要铜、硅、石油、有毒化学物和大量的能量。报废后形成技术垃圾堆。在工业化的国家，能量和物质消耗持续增长，并不是下降，技术也并不产生能量，实际上是消耗能量。

我们再重温一下“马尔萨斯理论”。20世纪70年代，世界银行经济学家戴利提出“稳态经济学(Steady-State Economics)”，作为未来生态经济学的概览。戴利严格区分所谓“持续增长”和“可持续发展”，前者是不可能发生的，后者则是来自“自然”的，他说：“地球上最大的系统是生物圈，人类经济系统只是一个亚系统——量上的增加是可以做到的，但它不能逃脱生物圈的限制。”

斯特恩爵士称全球变暖是“人类有史以来最大的市场失灵”；德意志银行

的经济学家苏克德夫估计通过森林破坏造成2.5兆亿“自然资本”的丧失。

19世纪,马尔萨斯和米尔创立了生态经济学,他们警告说,人类扩张最终会受到自然的限制。那些工业家已经嘲笑马尔萨斯和无视米尔两个世纪了,但目前的证据说明石油的发现仅仅是延缓了这个限制而已。

如今许多经济学家也承认马尔萨斯和米尔根本上是正确的。2008年的一份关于商品短缺的报告声明:“我们正与马尔萨斯经济学同行。”2008年5月,流行投资专家丹斯也认为食品和燃料的短缺正是马尔萨斯“限制的结果”。

“增长的极限是真实存在的,”伯克说,“我们必须创造一个处理好人与人及其与自然中间相互关系的适应策略,增长经济学家提供的对策是远远不足的,他们必然被接受自然规律限制的经济学家所代替。”

纽约州立大学的霍尔认为生物物理经济学“用于经济发展的能源就等于真实经济的总量”。1980年代,霍尔和他的同事做了假设:“一直以来,道-琼斯指数总是随着真实经济兴衰而斗折蛇行。”20年后,一个世纪以来的市场和能源数据显示,无论道-琼斯工业平均值如何快于美国能源的消耗,但它终于还是崩溃了。

世界石油产量在2005年爬上高峰,随着国际石油价格从2004年的每桶35美元爬到2008年的147美元,它给人类文明实际每年增加的费用是3.5兆亿。“这减少了人们的可支配收入。”霍尔说,“多米诺骨牌随着剧烈的需求特别是城市郊区房地产的需求而倒下了。”这种判断得到加拿大帝国商业银行世界市场的首席经济学家鲁宾的认同:“油价的波动导致了全球衰退。”

2008年10月,霍尔在纽约州的锡拉丘兹召集第一届国际生物物理经济学研讨会,并将出版一本专辑。“因为经济学是关于生产的科学,不管是转化物理世界的元素还是提供给人们的设施服务,都需要能源。”霍尔说,“因此,它是一种生物物理科学,而不是我们认为的社会科学。”

美国佛蒙特大学甘德研究所所长康斯坦扎,2009年将编辑两种新期刊:

每年的学术专辑(《年度生态经济学》)和另外一个双月刊物(《解决之路》:关于生态学和经济学的技术和颇受欢迎的论文)。刊物编辑库比舍夫斯基解释说:“为了修补我们的经济系统,我们必须认识到,我们面对的不断恶化的环境和社会问题是系统性的,《解决之路》的文章立足于整体的、系统的思维。”

上述刊物的编辑委员会委员包括一些顶级的生态经济学家——戴利、里斯等。里斯经计算指出,人类已经过度消耗30%的生物圈,人类的消耗速度超过生物圈更新的速度。“我们必须把环境纳入经济核算体系,”里斯说,“减少消费,然后寻求资源的均衡分布。”

“或迟或早……我们将死于消费,”不列颠哥伦比亚大学的可持续发展顾问,同时也是《消费的阴影》一书的作者多韦涅如是说,“消费成本不平等背景下的全球化,把生态系统和数十亿人置于危险的境地。”

为了实现真正的可持续经济,人类必须进入一个范式的变换时代,这个变换将与16世纪哥白尼指出“地球不是宇宙的中心”一样意义深远,同样,生态学告诉我们人类并不是地球生命的中心。然而,就像当时教皇的追随者拒绝观看伽利略的望远镜一样,目前有些经济学家也舍不得向窗户之外望上一眼:是光合作用,宝贵的物质和浓缩的能源,让我们的生命充满活力!

“或迟或早……”生态学家艾布拉姆强调道,“技术文明也要接受重心力的邀请,而纳入不仅仅是人类的生命节奏,21世纪,人类的野心已经达到地球的顶端。我们不得不把自己放在自然平衡平面上核算。”

这就是生物物理经济学,它的产生是必然的,其目标是培育全人类的生物物理学文化。

第三节　建设“共生”的生态文明世界:一个行动呼吁

生态文明与人类的可持续生存息息相关,这是毫无疑问的,所以全世界都应该朝着这个目标迈进:发达国家尽快走出所谓资本主义的“高级阶段”——金融资本全球化——对自己国家环境和全球环境的危害,发展中国家更应该循着这个目标,自觉地不去加剧金融资本全球化对国家环境和制度成本的“转嫁”造成更大的破坏,自觉地去创建适合自己的“生态文明”制度和体系。发达国家和发展中国家都应该为着世界人民的福祉和“只有一个地球”的现实,携手创建文化、制度、宗教、经济、政治、民族和生物多样化的共生生态文明社会。

在这个前提下,我们把生态文明的内容与2015年联合国提出的17个“可持续发展的目标”有机对接起来,形成包容性、多样性好的生态文明概念和内容(见知识盒子7-1)。

让我们解释图7-2:生态文明世界的终极目标是人类的可持续生存,这要求一个可持续的社会和环境,而只有做好经济的低碳化和资源的永续利用,才有可能造就一个可持续的社会。为此,人类要遵循和谐、协作(而不是仇视、拆台),共生而不是竞争的原则才能做到这点,这样生态文明的内涵就凸显出来了:一是社会合作(social solidarity),二是维护资源环境主权(environment and resources sovereignty),三是生态系统安全(eco-system security),目标是建设两个共同体:人与自然命运共同体和人类命运共同体。如此,很快就能实现联合国提出的17个可持续发展目标。

知识盒子7-1:人类可持续发展的17个目标

目标1 消除贫困:在世界各地消除一切形式的贫困

目标2 消除饥饿:实现粮食安全、改善营养和促进可持续农业发展

目标3 良好的健康与福祉:确保健康的生活方式,增进各年龄人群的福祉

目标4 优质教育:确保包容、公平的优质教育,促进全民享有终身学习机会

目标5 性别平等:实现性别平等,为所有妇女、女童赋权

目标6 清洁饮水和卫生室、设施:为所有人提供清洁水和干净卫生的环境,并对其进行可持续管理

目标7 廉价和清洁能源:确保人人获得负担得起的、可靠和可持续的现代能源

目标8 体面工作和经济增长:促进持久、包容、可持续的经济增长,实现充分和生产性就业,确保人人有体面工作

目标9 工业、创新和基础设施:建设有风险抵御能力的基础设施,发展能促进包容的可持续工业,并推动创新

目标10 缩小差距:减少国家内部和国家之间的不平等

目标11 可持续的城市和社区:建设包容、安全、有风险抵御能力和可持续的城市及社区

目标12 负责任的消费和生产:确保可持续的消费和生产模式

目标13 气候行动:采取紧急行动应对气候变化及其影响

目标14 海洋生物:保护和可持续利用海洋及海洋资源以促进可持续发展

目标15 陆地生物:保护、恢复和促进可持续利用陆地生态系统,可持续森林管理,防治荒漠化,防治和扭转土地退化现象,遏制生物多样性的丧失

目标16 和平、正义与强大机构:促进建设有利于可持续发展的和平和包容社会、为所有人提供诉诸司法的机会,在各层级建立有效、负责和包容的机构

目标17 促进目标实现的伙伴关系:加强实施手段,重振可持续发展全球伙伴关系

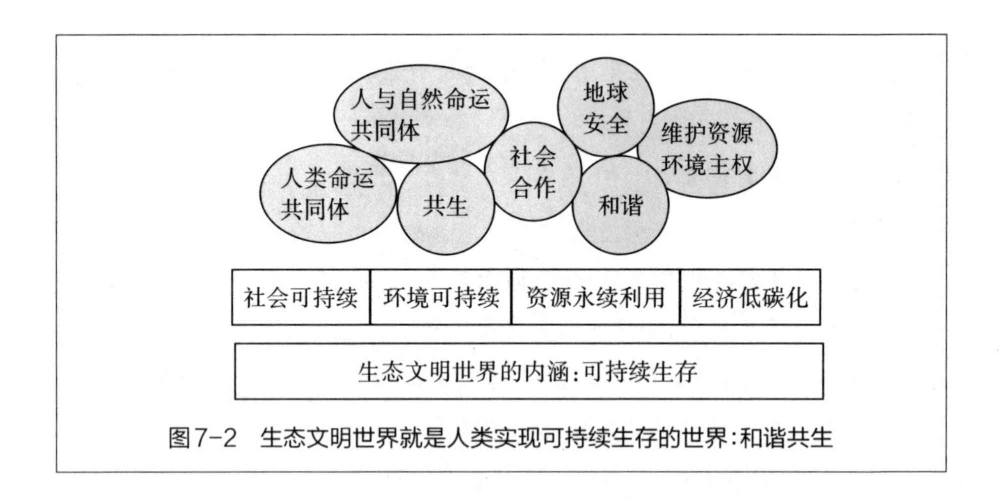

图7-2 生态文明世界就是人类实现可持续生存的世界:和谐共生

由此,我们呼吁:以生态文明的3个S(solidarity,sovereignty,security)为基本原则,构建不同于金融资本帝国主义的"另一个世界"——人类与生态和谐共存的、更多包容性的、以多样化为内涵的生态文明社会。

一、"人与自然命运共同体":生态文明理念的自然共生手段

1962年,蕾切尔·卡森《寂静的春天》一书的出版及其带来的全球环境保护革命是艰辛的,因为当时媒体不够发达,并没有多少民众知情,其影响完全是因为书中提供了无可辩驳的事实,以及美国化工界和农学学术界起诉败诉后的法律效应。今非昔比,"民主"和"科学"在全世界范围都很普及了,互联网背景下的自媒体时代也已经把全球存在的环境污染、生物多样性减少、气候变暖传播得人人皆知,"人类只有一个地球"也已是共识。尽管如此,实现对"人类与自然命运共同体"的构建绝非想象的那样是轻而易举的事,由于国家、组织和个人的自私本质,一个国家内部很难形成集体性的有益行动,何况一个地球上那么多政治、文化、宗教、民族各异的国家,要达成一致的集体性行动何其难!比如,全球气候变化(变暖)应该是全世界人民的共识,联合国相关组织和欧盟国家都在努力通过一个个国际公约推动相关行动,但某些经

济科技超级发达、标榜民主自由的国家经常因为国内党派、企业利益没有摆平而放弃签字，这是一个个国际公约“半途而废”的根本原因，还有一个原因是人类对自然知识的积累尚未达到通晓自然规律的阶段，当下全球流行的归纳论实验科学在认识整体地球上也存在“漏洞”。总之，人类尚没有走出“囚徒困境”，一项一项很好也很必要的环境保护协约往往得不到切实的执行，地球母亲依然继续遭受破坏，水气土地毒化、粮食不安全、资源短缺、气候变化、网络攻击、人口爆炸、环境污染、疾病流行、生化灾难、核武扩散（泄漏）、跨国犯罪、荒漠化，以及包括公海、远洋在内的“荒野危机”等，越来越成为人类生存的威胁。

在这个事关人类生死存亡的危急时刻，世界政治、经济、科学和技术的格局必须改变，而生态文明思维给上述格局的改变提供了一个前所未有的好机会，因为生态文明的终极目标就是维护“人类共有的地球”。如果真的可以带来全世界保护地球的一致行动，生态文明的提出就是中国有文明、文化史以来对人类的最大贡献，为此，我们国家应该先坚决执行起来。

首先，坚决放弃一味以经济作为国家的核心发展战略。一方面，全国上下要认识到，经济发展不代表人类的进步和幸福，抵制住“只有经济超过了别人，别人才能看得起我们”这个曾经有效的但似是而非的思维。另一方面，消费也不会带来健康和幸福。

其次，坚决通过教育的变革引导行动的转换。如果说以前我们谈教育变革总是有各种各样的主客观因素让我们止步不前的话，那么在以生态文明战略自求和求他的历史使命到来之时，要坚决扫除任何阻止促进生态文明建设的教育变革的拦路虎，让生态文明教育作为义务教育内容的一部分进入中小学课程体系，改革大学的生态学、环境科学及其专业教育为培养青少年的生态文明意识、思维和技能服务，创建城乡社区学院作为基础教育和高等教育的桥梁，设计好全谱系生态文明教育体系，为生态文明建设培养、储备青年才俊。只有这样的生态文明建设，才是“到位的”“可持续的”和“健康的”！

最后,坚决从生态文明制度上和世界融合。既然生态文明是“只有一个地球”的现实所需,是造福全人类所需,我们就要从制度建设入手,培养出一批一批善于和世界沟通的人才、在全球治理上有恰当话语和能力的人才,即建设生态文明的“人力资本”。

二、“人类命运共同体”:生态文明理念的社会和谐平台

如果说人类生存的自然基础是一定范围的环境景观,那么人类生存的社会基础就是与他人的关系,从这个意义看,人类被定义为一切社会关系的总和是完全正确的。人类的基础定义是“有生命的个人”(马克思语),那么一个“有生命的个人”如何对待另一个“有生命的个人”是人类生存的最基本单元,而活着、有尊严和幸福则可以代表“有生命”的全部含义。好的人类群体就是每个人都为另一个争取人的“活着、有尊严和幸福”,也是为了让自己“活着、有尊严和幸福”。

那么,在当下的社会结构中如何实现每个人的“义务”呢?政府代表着每个人及其群体,如果一个政府把人民的“活着、有尊严和幸福”放在第一位,那它就是一个好政府,则它代表的国家就是一个好国家,全部都是这样的好国家或组织就组成一个好世界,即人类命运共同体!

这样不管对外对内,世界各国都在放弃“竞争生存”的旧观念,转为奉行“自己活得好,也让别人活得好”(英文是“Live and let live”)的共生生态文明哲学之时[①],如此,人类命运共同体也就水到渠成了。

---

① “自己活得好,也让别人活得好”的“共生”生态文明理念或哲学是钱宏先生“共生”思想的核心理念,据他说,这句话不仅来自生态学对生态系统稳定性原理的概括,也受到了前辈哲学家的启迪。

本章小结

2008年《工人日报》的一幅题为《如果方向错了，停止就是进步》的漫画发人深省，2007—2008年在该漫画发表之前所发生的诸多生产安全事故、大学治理事件、民生公共事件及世界上的诸多负面事件，都表明我们这个世界不平静，从政治、宗教、文化、经济层面都值得去检讨。我国提出的生态文明战略首先是本着解决自己的环境危机和民生问题，为世界治理理念和方法的重新找寻提供方案，因为地球是一个村，而我们只有一个地球，生态文明建设就是为了确保地球的安全和人类的可持续生存；生态文明建设和联合国2015年制定的可持续发展的17个目标是重合的。为了推动生态文明建设，首先全球特别是我国要思考我们需要什么样的经济学，实现生态学与经济学对话，创建生态经济学，让生态学参与全球治理，这种治理的核心目标是在全球范围内建设“人与自然命运共同体”和“人类命运共同体”。

主要参考文献

保罗·艾丽奇,安妮·艾里奇.人口爆炸[M].张建中,钱力,译.北京:新华出版社,2000.

陈碧芬,赖斌,霍唤宝,等.基于CSA实践谈城乡互助与农业可持续发展:以佳美有机农场为例[J].农村经济与科技,2015,26(8):41-42.

戴圣鹏.生态文明的历史诉求:马克思恩格斯的生态文明思想探析[J].学术界,2013(5):145-151.

戴圣鹏.生态文明研究中存在的若干问题[J].马克思主义哲学研究,2017(1):259-266.

段玲玲.农园景观在居住区景观设计中的应用研究[D].北京:中国林业科学研究院,2013.

杜姗姗.大都市区观光农园效益影响机制及调控策略:以北京市为例[D].北京:中国科学院,2012.

方精云,朱江玲,吉成均,等.从生态学观点看生态文明建设[J].中国科学院院刊,2013,28(2):182-188.

冯春萍.德国鲁尔工业区持续发展的成功经验[J].石油化工技术经济,2003(2):47-52.

付天海.德国鲁尔工业区经济振兴对我国东北老工业基地改造的启示[J].北方经济,2007(9):85-86.

范子文.小毛驴市民农园发展研究[J].北京农业职业学院学报,2013(5):11-18.

江少川.大学语文[M].武汉:华中师范大学出版社,2001.

阿伦·盖尔,武锡申译.走向生态文明:生态形成的科学、伦理和政治[J].马克思主义与现实,2010(1):191-202.

顾成林.生态文明之路始于生态文化自觉[J].福建农林大学学报(哲学社会科学版),2013,16(3):84-87.

高锋.瑞典社会民主党纲领(上)——2013年4月6日社会民主党全国代表大会通过[J].当代世界与社会主义,2013(4):88-93.

辜胜阻,郑超,方浪.京津冀城镇化与工业化协同发展的战略思考[J].经济与管理,2014,28(4):5-8.

管清.政府助力青年参与乡村建设的对策研究:以扬州江都区为例[D].南京:南京师范大学,2017.

哈静.循环经济理念下工业建筑遗存的经济价值研究[D].西安:西安建筑科技大学,2011.

韩玉堂.生态工业园中的生态产业链系统构建研究[D].青岛:中国海洋大学,2009.

何慧丽,小约翰·柯布.解构资本全球化霸权,建设后现代生态文明:关于小约翰·柯布的访谈录[J].中国农业大学学报(社会科学版),2014,31(2):21-28.

胡锦涛.高举中国特色社会主义伟大旗帜　为夺取全面建设小康社会新胜利而奋斗——在中国共产党第十七次全国代表大会上的报告[J].求是,2007(21):3-22.

胡锦涛.坚定不移沿着中国特色社会主义道路前进　为全面建成小康社会而奋斗——在中国共产党第十八次全国代表大会上的报告[J].求是,2012(22):3-25.

霍奇峰.首钢工业遗址的保护与限定性设计研究——以石景山厂区工业景观空间的改造为例[D].北京:首都师范大学,2013.

柯金虎.生态工业园区规划及其案例分析[J].规划师,2002(12):42-45.

李德才.安徽政治生态建设的紧迫性及路径选择:兼论政治生态建设的切入点[J].合肥学院学报(社会科学版),2010(6):49-54.

李娜.满族民俗文化旅游资源开发浅析——以永陵满族民俗文化为例[J].旅游纵览(下半月),2013(10):36-37.

刘洪辞.我国生态工业园区的发展现状——基于典型生态工业示范园区的分析[J].当代经济,2011 (2):52-54.

李明明.化工厂清洁生产初探[D].上海师范大学,2013.

刘显著.地方政府和谐政治生态构建研究[J].领导科学论坛,2016(19):20-21.

刘铭.瑞典民主社会主义模式研究[D].济南:山东师范大学,2014.

刘颖.德国鲁尔工业区经济的振兴与借鉴[J].湖北经济学院学报(人文社会科学版),2007(11):49-50.

梁芳.浅谈稻田生态养鱼技术[J].北方水稻,2015(3):58-59.

罗顺元.论中国传统农业的生态耕作思想[J].自然辩证法通讯,2011,23(2):47-52.

马世骏,王如松.社会-经济-自然复合生态系统[J].生态学报,1984,4(1):1-9.

彭作生,朱柳玲,汪自强.稻田养鱼的现状与发展趋势[J].农村实用科技信息,2008(8):22-23.

钱宏.中国:共生崛起[M].北京:知识产权出版社,2012.

任晶.我国老工业基地创新系统构建研究——以东北区为例[D].长春:东北师范大学,2008.

Smolenaars T.工业生态学与清洁生产中心的作用[J].产业与环境,1997(4):19-21.

石嫣,程存旺,雷鹏,等.生态型都市农业发展与城市中等收入群体兴起相关性分析——基于“小毛驴市民农园”社区支持农业(CSA)运作的参与式研究[J].贵州社会科学,2011(2):55-60.

石嫣,程存旺.小毛驴市民农园的生态农业种植模式[J].中国合作经济,2010(5):27-28.

孙娜.论生态史观对生态文明建设的启示[J].科学·经济·社会,2012,30(1):57-60.

孙彦泉，蒋洪华.生态文明的生态科学基础[J].山东农业大学学报(社会科学版)，2000，2(1)：45-49.

谭鑫.西部弱生态地区环境修复问题研究：基于经济增长路径选择的分析[D].昆明：云南大学，2010.

王金福.泉州市丰泽区休闲农业发展现状与对策研究[D].福州：福建农林大学，2017.

王松良，林文雄.中国生态农业与世界可持续农业[J].经济研究参考，1999(45)：21.

王松良，陈冬梅.福建现代生态农业的发展：成就、问题和对策[J].福建农林大学学报(哲学社会科学版)，2009，12(4)：25-29.

王松良，C. D. Caldwell，祝文烽.低碳农业：来源、原理和策略[J].农业现代化研究.2010，31(5)：604-607.

王松良.中国“三农”问题新动态与乡村发展模式的选择：以福建乡村调研和乡村建设的实证研究为例[J].中国发展，2012，12(3)：45-52.

王松良，C. D.考德威尔，S.基利尼克，等.农业生态学[M].北京：科学出版社，2012.

王松良，邱建生，汪明杰，等.社区大学引导下的福建乡村社会管理创新[J].中国发展，2012，12(6)：75-81.

王松良，兰万安，吴婕妮，等.新型农业发展模式在“城乡一体化”建设中的功能研究：以福州市郊新型农业模式为例[J].中国发展，2014，14(4)：65-70.

王松良，克劳德·考德威尔.生态学：生态文明时代的核心学科——以乡村生态学对建设美丽乡村的指导作用为例[J].福建农林大学学报(哲学社会科学版)，2016，19(3)：14-18.

王松良.信息技术：走向农业生态系统的可持续管理.农业网络信息[J].2005(8)：4-7，12.

王松良.协同发展生态农业与社区支持农业促进乡村振兴[J].中国生态农业学报，2019，27(2)：212-217.

王向丽.生态工业园产业链设计与评价指标体系研究[D].苏州:苏州科技学院,2009.

王晓娟.社区农业和农业型社区建设[D].天津:天津大学,2014.

王雨林.稻田养鱼发展的现实意义分析[J].安徽农业科学,2009,37(27):13256-13258.

王志成.德国鲁尔区:旧工业区整体改造的范本[J].乡音,2014(7):52.

王治河,张修玉.印象克莱蒙[J].环境,2016(6):72-73.

吴松毅.中国生态工业园区研究[D].南京:南京农业大学,2005.

谢晓光.俄罗斯政党体制与政治体制关系对俄罗斯民主进程的影响[J].当代世界与社会主义,2013(4):82-87.

习近平.决胜全面建成小康社会　夺取新时代中国特色社会主义伟大胜利:在中国共产党第十九次全国代表大会上的报告[J].求是,2017(21):3-28.

习近平.摆脱贫困[M].福州:福建人民出版社,1992.

杨根乔.当前地方政治生态建设的状况、成因与对策——安徽政治生态建设的调查与思考[J].当代世界与社会主义,2012(2):129-133.

张安琪.社区支持农业发展限制性因素分析及对策——以佳美农场为例[J].农村经济与科技,2017,28(19):19-21.

《中国生物多样性国情研究报告》编写组.中国生物多样性国情研究报告[M].北京:中国环境出版社,1998.

周鸿.生态学的归宿:人类生态学[M].合肥:安徽科学技术出版社,1989.

周鸿.走近生态文明[M].昆明:云南大学出版社,2010.

张纯成.生态文明的自然观基础[J].河南大学学报(社会科学版),2008,48(6):10-14.

张壬午,张彤,计文瑛.中国传统农业中的生态观及其在技术上的应用[J].生态学报,1996,16(1):100-106.

张旸文.美国沙漠中的生态城[J].科学大观园,2013(22):18-20.

赵晨.北京小毛驴市民农园发展的困境与对策[J].北京农业职业学院学报,2017,31(3):10-16.

郑妙玲.打造泉州现代农业的亮点[J].政协天地,2013(2):61-62.

周永波.老工业基地创新发展模式:以青岛市四方区为例[D].青岛:中国海洋大学,2006.

周斌.寿光市生态农业发展现状及对策研究[D].大连:大连理工大学,2009.

ALTIERI M A. Agroecology: A new research and development paradigm for world agriculture [J]. Agriculture, Ecosystems and Environment, 1989, 27(1-4): 37-46.

BARTLETT A A. Thoughts on long-term energy supplies: Scientists and the Silent Lie. Physics Today, 2004, 57(7): 53-55.

COSTANZA R., D'ARGE R., DE GROOT R., et al. The value of the world's ecosystem services and natural capital[J]. Nature, 1997(387): 253-260.

LIU C, CHEN L, VANDERBECK RM, et al. A Chinese route to sustainability: Postsocialist transitions and the construction of ecological civilization[J]. Sustainable Development, 2018, 6(26): 741-748.

LIU Y, LI Y. Revitalize the world's countryside [J], Nature. 2017, 548 (7667): 275-277.

ODUM E P. Ecology: The link between the natural and the social sciences [M]. New York: Holt, Rinehart and Winston, 1975.

ODUM E P. Ecology: A bridge between science and society[M]. Sunderland, Mass: Sinauer Associates, 1997.